JN240800

バイオインフォマティクスシリーズ **6**

トランスクリプトーム解析

浜田 道昭 監修

松本 拡高 著

コロナ社

シリーズ刊行のことば

　現在の生命科学においては，シークエンサーや質量分析器に代表される計測機器の急速な進歩により，ゲノム，トランスクリプトーム，エピゲノム，プロテオーム，インタラクトーム，メタボロームなどの多種多様・大規模な分子レベルの「情報」が蓄積しています。これらの情報は生物ビッグデータ（あるいはオミクスデータ）と呼ばれ，このようなデータからいかにして新しい生命科学の発見をしていくかが非常に重要となっています。

　このような状況の中でその重要性を増しているのが，生命科学と情報科学を融合した学際分野である「バイオインフォマティクス」（生命情報科学，生物情報科学）です。バイオインフォマティクスは，DNA やタンパク質の配列などの，生物の配列情報をディジタル情報として捉え，コンピュータにより解析を行うことを目的として誕生しました。このような，生物の配列情報を解析するバイオインフォマティクスの一分野は「配列解析」と呼ばれます（これは本シリーズでも主要なテーマとなっています）。上述の計測機器の進歩とともに，バイオインフォマティクスはここ数十年で飛躍的に発展し，いまや配列解析にとどまらずに，トランスクリプトーム解析，メタボローム解析，プロテオーム解析，生物ネットワーク解析など多岐にわたってきています。また，必要な知識も，統計学，機械学習，物理学，化学，数学などの多くの分野にまたがっています。しかしながら，これらのバイオインフォマティクスの多岐にわたる分野を，教科書的・体系的に学ぶことができる成書シリーズは，国内外を見てもほとんどありません。

　そこで，大学生，大学院生，技術者，研究者などに，バイオインフォマティクスの各分野を体系的に学習することを可能とするための教科書を提供することを目的として本シリーズを企画しました。これを実現するために，バイオイン

フォマティクス分野の最前線で活躍をしている，若手・中堅の研究者に執筆を依頼しております。執筆者の方々には，バイオインフォマティクス研究の基盤となる理論やアルゴリズムを中心に，可能な限り厳密かつ自己完結的に解説を行うようにお願いしています。そのため，本シリーズは，大学などにおけるバイオインフォマティクスの講義の教科書として活用可能であるのみならず，読者が独学する場合にも最適な書籍になっていると確信しています。

　最後になりますが，本シリーズの企画の段階から辛抱強くサポートしてくださったコロナ社の皆様に御礼を申し上げます。本シリーズが，今後のバイオインフォマティクス研究さらには生命科学研究の一助となることを切に願います。

2021 年 9 月

「バイオインフォマティクスシリーズ」監修者　浜田道昭

まえがき

　細胞の中では，遺伝子をコードする領域をはじめ，ゲノムのさまざまな領域から転写産物であるトランスクリプトが転写されている。このようなトランスクリプトの転写は，組織などで正確に制御され，異なるトランスクリプトが生成されている。この違いにより，個々の組織は異なる働きをしている。このような，ある組織などの特定のサンプル中に存在するトランスクリプトの全貌をトランスクリプトームと呼ぶ。本書では，どのような目的で，どのような方法でトランスクリプトームデータを解析するかを説明する。

　このようなトランスクリプトームは，DNA シークエンシング技術などの進歩により，いまや日常的に計測可能になった。それに伴い，トランスクリプトームのデータを解析することも，日常的なルーチンワークと化している。しかし，トランスクリプトーム解析を行っている専門家であっても，その中身をどれほど理解しているかは人それぞれである。これまでに，トランスクリプトーム解析を実際に行うための how to 本などの書籍が多数出版されてきたが，その原理を深く解説する書籍は限定的であった。また，個々の解析の原理に関しては，インターネット上などに優れた資料も存在するものの，どうしても情報が散らばっているのが実情である。そこで本書では，トランスクリプトーム解析全体のトピックに関し，理論的な背景をしっかり押さえつつ，全体として筋が通った1冊の書籍としてまとめることを目指した。

　本書では，トランスクリプトーム解析の基盤となる基礎的なアルゴリズムや理論を，可能な限り簡略化し，それでいて本質は失わないように注意を払いながら説明することを心がけた。また，確率モデルの式変形などは，途中経過も含め，可能な限り丁寧に説明をすることも心がけた。それぞれのトピックに対し，どの程度の解像度で内容を理解したいかは読者によって異なるだろう。ア

ルゴリズムの詳細や数式の細かい点などを正確に読むのが大変な場合は，まずは読み流してトランスクリプトーム解析の全体像を理解してもらい，必要に応じて特定の章を読み返してもらっても構わない。また，本書の内容は本書執筆時点での最新の手法を紹介することにはこだわらず，古典的だが単純で有用な考え方の手法を紹介している場面も多々ある。もし個別のトピックに関し，最先端の手法や研究を知りたい読者は，最新の文献をあたってほしい。本書が，読者の興味を引き立て，新たなトランスクリプトーム解析の研究に駆り立てられれば僥倖である。

　また，トランスクリプトームに限らず，計測技術の進歩は著しく，日々新たな技術が登場している。したがって，どのようなデータ解析が必要になるかは，その都度変わってくると予想される。しかし，計測技術が劇的に変化したとしても，その解析に必要な知識や基盤的な考え方には普遍性があると考えられる。今後必要となる解析に出会ったとき，本書の内容が少しでも貢献できれば幸いである。

　本書を出版するにあたり，多くの方々にご協力を賜りました。九州大学の前原一満 助教と早稲田大学高等研究所の福永津嵩 准教授には，本書全体を通して内容の厳選から誤字に至るまで，多くのコメントをいただきました。特に，前原一満 助教には理論的な指摘から修正案に至るまで多くの助言をいただきました。また，2，3章の配列の取り扱いに関して，鈴木創 氏と Karolinska Institutet の佐藤健太 氏に技術的な内容の助言をいただきました。また，10章の発展的な計測技術に関して，理化学研究所の林哲太郎 博士と東京科学大学の笹川洋平 准教授に助言をいただきました。ご協力いただいた方に心より感謝を申し上げます。最後に，いつもそばにいて執筆を支えてくれるとともに内容の助言もくれた妻の洪婧 博士に感謝します。

　2025 年 2 月

松本拡高

目　　　　次

1.　分子生物学とトランスクリプトーム解析の基礎

1.1　ゲ ノ ム と は ………………………………………………………… 1
    1.1.1　デオキシリボヌクレオチド・DNA・ゲノム　*1*
    1.1.2　半 保 存 的 複 製　*2*

1.2　DNA シークエンサー …………………………………………………… 3
    1.2.1　ポリメラーゼ連鎖反応　*4*
    1.2.2　ジ デ オ キ シ 法　*4*
    1.2.3　Illumina 塩基配列決定法　*5*
    1.2.4　PacBio 塩基配列決定法　*6*
    1.2.5　ナノポア塩基配列決定法　*7*

1.3　RNA・タンパク質・遺伝子とは…………………………………………… 8
    1.3.1　RNA　と　は　*8*
    1.3.2　タンパク質とは　*8*
    1.3.3　遺 伝 子 と は　*8*
    1.3.4　転　　　　　写　*10*
    1.3.5　翻　　　　　訳　*12*
    1.3.6　原核生物の遺伝子構造と転写と翻訳　*14*
    1.3.7　RNA の種類と機能　*15*

1.4　トランスクリプトームとは ……………………………………………… 17

1.5　ゲノムアノテーション …………………………………………………… 18

1.6　RNA シークエンシング ………………………………………………… 18
    1.6.1　トータル RNA とポリ A RNA シークエンシング　*19*
    1.6.2　短鎖 RNA シークエンシング　*20*
    1.6.3　full-length と 3' 端・5' 端 RNA シークエンシング　*20*

1.6.4 シングルエンドとペアエンド 21

1.6.5 ストランド情報の有無 22

1.6.6 分子バーコード 23

1.6.7 ロングリードシークエンシングとダイレクト RNA シークエンシング 24

1.7 本章のまとめ ……………………………………………………… 25

2. トランスクリプトームアセンブリ

2.1 配列アセンブリ ……………………………………………………… 27

2.1.1 overlap-layout-consensus 28

2.1.2 *k*-mer に基づくグラフとハミルトン路 29

2.1.3 ド・ブラウングラフとオイラー路 30

2.1.4 ゲノムアセンブリとトランスクリプトームアセンブリの違い 32

2.2 *de novo* トランスクリプトームアセンブリ ……………………… 33

2.2.1 Trinity 34

2.2.2 アセンブリ後の処理 37

2.2.3 評 価 指 標 38

2.3 リファレンスベースドアセンブリ ………………………………… 38

2.4 コンティグの機能アノテーション ………………………………… 41

2.5 本章のまとめ ………………………………………………………… 41

3. リードマッピング

3.1 力まかせな文字列探索 ……………………………………………… 43

3.2 高速なリードマッピング …………………………………………… 44

3.2.1 Burrows-Wheeler 変換 45

3.2.2 LF mapping 46

3.2.3 FM-index 48

3.2.4 リードアライメント 50

3.3 スプリットリードのマッピング …………………………………… 52

3.3.1　cDNA 配列へのマッピング　*53*

3.3.2　擬似的にスプライシングした合成配列へのマッピング　*54*

3.3.3　スプリットマッピング　*55*

3.3.4　融合遺伝子の検出　*56*

3.3.5　バックスプライシングの検出　*58*

3.4　本章のまとめ ……………………………………………………… *61*

4.　発現量の定量

4.1　アライメントベースな発現量定量化 ……………………………… *63*

4.1.1　リードカウントに基づく手法　*63*

4.1.2　リードの生成モデルに基づく手法　*65*

4.1.3　異なる定量化指標　*69*

4.2　アライメントフリーな発現量定量化 ……………………………… *71*

4.3　5' 端・3' 端 RNA-seq における発現量定量 ……………………… *75*

4.3.1　転写産物長の補正に関して　*75*

4.3.2　UMI カウント　*75*

4.4　本章のまとめ ……………………………………………………… *77*

5.　発現変動解析

5.1　アノテーションに基づく発現変動解析 …………………………… *79*

5.1.1　リードカウントベースの発現変動解析　*80*

5.1.2　フラグメントの確率ベースの発現変動解析　*83*

5.2　スプライシング変動解析 …………………………………………… *86*

5.3　ポリアデニル化サイト変動解析 …………………………………… *89*

5.4　新規転写単位・構造の検出 ………………………………………… *90*

5.4.1　ヒューリスティックなアプローチ　*90*

5.4.2　flexible expressed region analysis　*91*

5.5　バイアスの補正 ……………………………………………… *93*

　　5.5.1　TMM 正 規 化　　*93*

　　5.5.2　quantile正規化　　*95*

　　5.5.3　モデルに基づく正規化　　*96*

5.6　本章のまとめ ………………………………………………… *98*

6. 高 次 解 析

6.1　「生物学的特徴」を表す遺伝子セット ……………………… *99*

6.2　エンリッチメント解析 ……………………………………… *101*

　　6.2.1　over-representation analysis　　*101*

　　6.2.2　gene set enrichment analysis　　*103*

6.3　レギュロン解析 ……………………………………………… *105*

　　6.3.1　MARA　　*106*

　　6.3.2　SCENIC　　*107*

6.4　本章のまとめ ………………………………………………… *108*

7. 次 元 圧 縮

7.1　層別化医療と次元圧縮・クラスタリング …………………… *110*

7.2　主 成 分 分 析 ………………………………………………… *111*

7.3　ラプラシアン行列に基づく次元圧縮 ………………………… *116*

　　7.3.1　ラプラシアン固有マップ　　*116*

　　7.3.2　拡 散 マ ッ プ　　*119*

　　7.3.3　ラプラシアン行列に基づく固有ベクトルの特徴と注意点　　*126*

7.4　SNE, symmetric SNE, t-SNE ……………………………… *129*

　　7.4.1　SNE　　*130*

　　7.4.2　symmetric SNE　　*132*

　　7.4.3　t-SNE　　*133*

　　7.4.4　SNE などの手法の特徴と注意点　*134*

7.5　ポアンカレ埋め込み ……………………………………… *136*

7.6　遺 伝 子 選 択 ………………………………………………… *138*

　　7.6.1　分散に基づく遺伝子選択　*138*

　　7.6.2　PCA に基づく遺伝子選択　　*140*

　　7.6.3　外部知識に基づく遺伝子選択　*140*

7.7　本章のまとめ ………………………………………………… *141*

8.　クラスタリング

8.1　k-means　　法 …………………………………………… *144*

　　8.1.1　クラスタ数の決定方法　*146*

　　8.1.2　混合ガウスモデル　*147*

8.2　グラフカットとスペクトラルクラスタリング ………………… *150*

　　8.2.1　グ ラ フ カ ッ ト　*151*

　　8.2.2　スペクトラルクラスタリング　*153*

8.3　DBSCAN ……………………………………………………… *156*

8.4　Louvain　　法 …………………………………………… *158*

8.5　本章のまとめ ………………………………………………… *160*

9.　1 細胞 RNA-seq 解析

9.1　な ぜ 1 細 胞 か ……………………………………………… *162*

9.2　細 胞 種 の 同 定 ……………………………………………… *164*

　　9.2.1　複数の 1 細胞 RNA-seq データの統合　*166*

　　9.2.2　既存の 1 細胞 RNA-seq データへの検索　*168*

　　9.2.3　希 少 細 胞 同 定　*171*

　　9.2.4　幹 細 胞 同 定　*173*

9.3　擬 時 間 解 析 ………………………………………………… *174*

9.4 RNA velocity ·· *178*

9.5 細胞間相互作用の推定 ···································· *182*

9.6 1 細胞 RNA-seq における発現変動解析 ················· *185*

　9.6.1 クラスタリングに依存しない発現変動解析　*185*

　9.6.2 アノテーション外の発現変動転写産物の検出　*187*

　9.6.3 ノイズの除去と欠測値の補完　*188*

9.7 本章のまとめ ··· *189*

10. 発展的な計測技術

10.1 超多検体 RNA-seq ······································· *190*

10.2 1 細胞 RNA-seq からマルチモーダル計測へ ············· *191*

　10.2.1 トランスクリプトームと細胞形態情報の同時計測　*191*

　10.2.2 トランスクリプトームと他の配列情報の同時計測　*192*

　10.2.3 オリゴヌクレオチド標識を用いた同時計測　*192*

10.3 ゲノム編集を利用した技術 ······························ *194*

　10.3.1 大規模摂動シークエンシング　*194*

　10.3.2 細胞系譜追跡　*195*

10.4 空間トランスクリプトーム ······························ *196*

　10.4.1 *in situ* ハイブリダイゼーションを利用した方法　*196*

　10.4.2 *in situ* キャプチャーを利用した方法　*198*

10.5 ダイレクト RNA シークエンシング ······················ *199*

10.6 本章のまとめ ·· *200*

引用・参考文献 ·· *201*

索　　　引 ·· *214*

1 分子生物学と トランスクリプトーム解析の基礎

■ bioinformatics ■■ ■

　本書ではまず，トランスクリプトーム解析のためのバイオインフォマティクスを理解する上で前提となる分子生物学の基本的な用語や概念について説明するとともに，DNA シークエンサーを中心とした実験技術を解説する。その上で，トランスクリプトームとは何かを説明し，それを計測する RNA シークエンシングの原理や種類を紹介する。なお，基礎的な分子生物学の説明が不要な読者は 1.4 節から読み始めて構わない。

1.1 ゲ ノ ム と は

　まず，ゲノムに関わる用語と基礎知識を解説する。

1.1.1　デオキシリボヌクレオチド・DNA・ゲノム

　ゲノムとは遺伝情報の総体を表す造語である。本書においてゲノムとは**デオキシリボ核酸**（deoxyribonucleic acid；DNA）の特定の並びを意味するものを指しており，DNA とはデオキシリボヌクレオチドから構成される生体高分子である。以降ではまず，デオキシリボヌクレオチドや DNA，ゲノムの実態が何かを説明する。

　（**1**）　**デオキシリボヌクレオチド**　　ヌクレオチドとは，糖・塩基・リン酸が結合した化学物質である。DNA を構成するヌクレオチドは糖がデオキシリボースであり，**デオキシリボヌクレオチド**（deoxyribonucleotide）という。また，デオキシリボヌクレオチドの塩基にはアデニン・チミン・グアニン・シトシ

ンの 4 種類が存在し，それぞれアルファベット 1 文字で A・T・G・C と書く。

（**2**）　**デオキシリボ核酸（DNA）**　　デオキシリボヌクレオチドは直鎖状に重合し生体高分子となり，これをデオキシリボ核酸（DNA）と呼ぶ。なお，ヌクレオチド間の結合は**ホスホジエステル結合**（phosphodiester bond）と呼ばれる。また，DNA には向きが存在し，糖に結合するリン酸基の位置からそれぞれ 5' 側と 3' 側と呼び，端を示す場合は 5' 端と 3' 端と呼ぶ。

塩基以外の部分は塩基の種類に依存せず糖リン酸骨格と呼ばれる。一方，塩基の部分は残基[†1]ごとに異なる。そのため，この塩基だけを 5' 端から取り出してアルファベット 1 文字表記で並べたものを**塩基配列**（base sequence）と呼び，A・T・G・C の 4 文字の文字列によって表記される。

また，塩基には**相補性**（complementarity）という重要な性質がある。A と T では二つ，G と C では三つの水素結合を介したペアを作る。これらの塩基のペアを**塩基対**（base pair）と呼ぶ。また，ペアを作る塩基をたがいに相補な塩基であるという。この性質により，DNA は通常は相補的な塩基対が結合した逆向き二本鎖 DNA となって安定した状態で存在している。

（**3**）　**ゲ　ノ　ム**　　二本鎖 DNA の持つ本質的な情報は塩基の並びである塩基配列である。相補性より片側の塩基配列がわかれば反対側は判明するので，一方の DNA の塩基配列を記録すれば全体の情報がわかる。

各生物種は固有の塩基配列を構成する二本鎖 DNA を持っている。本書ではこの塩基配列の情報をゲノムと呼ぶ[†2]。例えば，ヒトの DNA の塩基配列はヒトゲノムと呼ばれ，おおよそ 30 億の塩基対の文字列で構成される。このゲノムが生命の設計図となり，個々の生命を形作っている。

1.1.2　半保存的複製

ヒトを含め多細胞生物は，多数の細胞で構成される。その細胞は元をたどれ

[†1]　DNA に限らず，後述する RNA やタンパク質などを含め，重合体を構成する単量体のことを残基と呼ぶ。

[†2]　ただし，個体間でゲノム配列に若干の差は存在する。それらを明示する場合は，ヒトであれば個人ゲノムなどと呼ぶ。

ば一つの受精卵である。細胞は一つの母細胞から二つの娘細胞へと分裂する細胞分裂によって，数を増やすことができる。つまり，一つの受精卵から始まり，細胞分裂を繰り返すことで，多数の細胞から構成される成体が形成されるわけである。

細胞分裂において一つの細胞から二つの細胞に増える過程では，DNA が正確に複製され一つずつ分配される。このうち，複製は先に述べた塩基の相補性を利用した仕組みで実現されている。まず，二本鎖 DNA が開裂し 2 本の一本鎖 DNA となり，それぞれの一本鎖 DNA が鋳型となり，それに相補的な DNA が新たに合成されることで，2 本の二本鎖 DNA が合成される。このようなシステムを**半保存的複製**（semi-conservative replication）と呼ぶ。

実際に一本鎖 DNA を鋳型とし相補的な DNA が合成される過程では，合成される側にとって 5' 側から 3' 側の方向のみへ伸長する。また，合成はランダムに開始されるのではなく，**プライマー**（primer）と呼ばれる短い核酸分子が鋳型 DNA の相補的な場所に結合し，それを起点に **DNA ポリメラーゼ**（DNA polymerase）と呼ばれる酵素が DNA と複合体を形成し，DNA ポリメラーゼによって鋳型に相補的な塩基を持つデオキシリボヌクレオチドが一つずつつなげられ，伸長が進む。このプライマーを起点とする複合体形成を**プライミング**（priming）と呼ぶ。

1.2 DNA シークエンサー

ゲノムを含め，DNA 分子の塩基配列を決定するための実験手法を一般に DNA シークエンシングと呼び，そのための装置を **DNA シークエンサー**（DNA sequencer）と呼ぶ。また，DNA シークエンサーにより決定される一つひとつの塩基配列を**シークエンスされたリード**（sequenced read）あるいは単にリード（read）と呼ぶ。

DNA シークエンサーと一口に言っても，さまざまな会社によっていろいろな装置が開発され，そして消えていった熾烈な競争の歴史がある。ここでは，

DNA シークエンサーの基盤技術と，現在注目されているシークエンサーの原理を簡単に紹介する。他の塩基配列決定法や詳しい原理の解説は『ゲノム　第4 版』[1]†1 などが詳しいので，そちらを参考にしてほしい。

1.2.1　ポリメラーゼ連鎖反応

まず，多くの DNA シークエンサーに欠かせない**ポリメラーゼ連鎖反応**（polymerase chain reaction；**PCR**）を説明する。PCR とは端的に言うと，微量の DNA を半保存的複製を模したメカニズムで増幅する技術である。断片化された二本鎖 DNA を入力とし†2，高温にして水素結合を外すことで一本鎖 DNA に分離させ（熱変性），増幅したい DNA 配列を挟む 2 か所の領域に結合するプライマーをそれぞれ用意し，半保存的複製と同様のメカニズムで二本鎖 DNA を合成させる。これを繰り返すことで，理論的には倍々と DNA を増幅することができる。

1.2.2　ジ デ オ キ シ 法

ジデオキシ法では，通常のデオキシリボヌクレオチド（dNTP）に加え，ジデオキシリボヌクレオチド（ddNTP）を用いる†3。通常の複製過程において dNTP が取り込まれると DNA の伸長はそのまま継続するが，ddNTP が取り込まれるとそこで DNA の合成が止まる。

ジデオキシ法では，ある DNA 断片を PCR で増幅したのち，最後のサイクルでは片方のみのプライマーと ddNTP を少量加え DNA を合成する。これにより，一方を起点とし，さまざまな長さで伸長が止まった DNA 断片が得られる。さらに，ddNTP を塩基ごと，つまり ddATP・ddTTP・ddGTP・ddCTP ごとに異なる蛍光マーカーで標識したとする。このようなさまざまな長さの DNA 断片を電気泳動をすると，分子量が小さい，つまり短い DNA ほど速く泳動す

---

†1　肩付き数字は巻末の引用・参考文献番号を示す。
†2　PCR を用いて DNA をうまく増幅できる長さには限界がある。
†3　dNTP とは，dATP・dTTP・dGTP・dCTP を示す表現である。

ることになる。ここで，特定の位置で蛍光を検出すると，泳動順に蛍光パターンが観測される。この蛍光を元の塩基と対応させれば，その順序がその DNA 断片の塩基配列と決定できる[†1]。

ジデオキシ法は最初の世代のシークエンス技術であり，スループットが低いことから現代ではあまり利用されない。しかし，塩基を読み取る精度は非常に高く，また読むことができる塩基配列の配列長（リード長）も長いことから，他のシークエンサーから得られた結果の最終確認などの場面で依然として活躍している。

1.2.3 Illumina 塩基配列決定法

本書で説明するトランスクリプトーム解析は，基本的に Illumina 塩基配列決定法などで得られるデータを想定している。Illumina 塩基配列決定法は決定できる塩基配列の配列長は短いが，スループットが非常に高く，本書執筆現在で最も広く普及している DNA シークエンサーと言っても過言ではない[†2]。

Illumina 塩基配列決定法では，ブリッジ PCR と呼ばれる技術でスライド（フローセル）上で DNA 断片を固定した状態で PCR を行う。これにより，二次元平面上の特定の場所に同じ配列が増幅した DNA クラスタが形成される。

そして，可逆的ターミネータを用いて DNA クラスタの配列を読み取る。塩基の伸長過程では蛍光付きの ddNTP を加えるが，ジデオキシ法とは異なり dNTP は一切加えない。つまり，1 塩基が取り込まれると確実にそこで DNA 合成の伸長が止まる。つぎに，ddNTP を一度洗い流し，どの塩基が取り込まれたかを蛍光のパターンから決定する。そしてここでの ddNTP は工夫がしてあり，蛍光標識などの DNA 合成の伸長を遮っている遮断基を切断すると，再度の伸長が可能になるように設計してある。これが「可逆的」と呼ばれる所以である。遮

[†1]　正確には，当初は 4 種類の ddNTP を混ぜることなく個別に加え，電気泳動の泳動パターンで配列を決定していた。その後，説明したような蛍光標識法やキャピラリー電気泳動法といった技術が開発された。

[†2]　ただし，最近では DNA nanoball などの技術を利用した DNB-seq というシークエンサーも普及し始めた。得られるデータの質に大きな差はないことから，ここでは割愛する。

断基を切断して以降は最初のステップに戻り，これらの操作を繰り返すことで，1 塩基ずつ蛍光パターンを読み取ることで塩基配列を決定することができる。

　実際には，フローセルの二次元平面上で並列して上記反応が進んでおり，同じ位置での蛍光パターンを経時的に読み取ることで，同時に多数の塩基配列を決定している。電気泳動を用いた塩基配列決定は一次元的であるのに対し，ここでは二次元的に配列を解読できることなどから，ハイスループットにリードを得ることができる。ただし，リード長は他技術と比べると短く，それゆえショートリードシークエンサーと呼ばれる。

　なお，慣習的に Illumina 塩基配列決定法を用いるシークエンサーは**次世代シークエンサー**（next generation sequencer；**NGS**）と呼ばれることがある。しかし，後述するようなシークエンサーが複数登場するいま，もはや「次世代」と呼ぶには登場から時間が経ちすぎていることもあり，最近ではハイスループットシークエンサー（high throughput sequencer；HTS）と呼ぶこともある。本書では慣習に従って NGS と記載する。

1.2.4　PacBio 塩基配列決定法

　ここまでの塩基配列決定法はいずれも PCR に基づいていた。しかし，PCR を行うと得られるリード長に限界があるといった問題があった。一方で，PacBio 社により開発された塩基配列決定法は鋳型の PCR 増幅を必要とせず，代わりに 1 分子シークエンシングを行う。これにより，長いリードを得ることが可能になった。

　PacBio 塩基配列決定法では，1 分子の DNA が複製される過程をリアルタイムに計測することで塩基配列を決定する。まず，ようやく 1 分子の DNA が入ることができる Zero-Mode Waveguide（ZMW）と呼ばれるナノサイズのウェル（小さな孔）を用意し，その中に一本鎖 DNA を入れる。このウェルの中には DNA ポリメラーゼが固定されており，中に入った一本鎖 DNA は複製反応を開始する。このとき，dNTP には蛍光標識を付与してあり，伸長する際に蛍光標識された dNTP が取り込まれると蛍光を発するように設計されている。これ

までの技術とは異なり，複製の過程で伸長が止まることはない。そして，ウェルの底面から優れた光学系によって蛍光を経時的に観測することで，塩基配列を決定している。

　本手法で得られるリードは長いことから，これらの塩基配列決定法はロングリードシークエンサーと呼ばれることもある。ただし，塩基の読み取り精度は他技術と比較するとやや劣っている点には注意が必要である。

1.2.5　ナノポア塩基配列決定法

　これまでの技術は，いずれも蛍光を用いて塩基を識別していた。一方で，ナノポア塩基配列決定法では電流によって塩基を識別する点が大きく異なる。

　ナノポア塩基配列決定法では，DNA がかろうじて通り抜けられる程度の，タンパク質でできた小さな孔（ナノポア）を持つ合成膜を用意する。通常は，このナノポアをイオンが通過し電流がよく流れる。ここで，一本鎖 DNA をナノポアへと運び通すと，孔がやや塞がれることでイオンの流れが遮られ，電流が小さくなる。ここで，4 種類の塩基はそれぞれ構造が異なる。したがって，ナノポアのある位置をある塩基が通過するとき，塩基の構造によって孔の塞がれ具合が若干異なり，結果として流れる電流の大きさに違いが生じる。これを連続的に識別することで，塩基配列を読み取ることができる。

　PacBio 塩基配列決定法と同様に，ナノポア塩基配列決定法は特に長いリードを読み取ることも可能である。ただし，読み取り精度はやや劣っている点に注意が必要である。また，本書執筆現在ではロングリード技術は NGS と比較しスループットが低いことも課題である[†]。

[†]　なお，10 章で紹介するようにスループットの課題は克服されつつあり，読者が本書を読んでいる時点ですでに解決されているかもしれない。

1.3 RNA・タンパク質・遺伝子とは

1.3.1 RNA と は

RNA も DNA と同じく核酸の一種である。ただし，RNA を構成するヌクレオチドは**リボヌクレオチド**（ribonucleotide）であり，糖がリボースである。また，RNA を構成するリボヌクレオチドの塩基のうち，アデニン・グアニン・シトシンはデオキシリボヌクレオチドと共通であるが，チミン（T）ではなくウラシル（U）という点が異なる [†1]。また，DNA は二本鎖として存在することが多いが，RNA は一本鎖で存在することが多い。

1.3.2 タンパク質とは

生体内で実際に機能を担うものの多くはタンパク質である。例えば，ここまでに登場した DNA ポリメラーゼの構成要素も，アルコールを分解する酵素も，ウイルスや細菌などの感染を防ぐ免疫グロブリンも，筋肉を収縮させるアクチン・ミオシンフィラメントも，後に出てくる転写因子も，すべてタンパク質である。

タンパク質はアミノ酸が重合してできる高分子化合物である。構成要素のアミノ酸には 20 種類があり（**表 1.1**），それがペプチド結合により重合して構成される。DNA と同様にアミノ酸も 1 文字表記されるほか，場合によっては 3 文字で表記される。

1.3.3 遺 伝 子 と は

ゲノムの一部の領域は RNA に写し取られ，その情報がタンパク質に変換させる。このような領域を**遺伝子**（gene）と呼び [†2]，ゲノムから RNA へ写し取

[†1] チミンと同様に，ウラシルはアデニンと二つの水素結合で塩基対を形成できる。

[†2] なお，ヒトゲノムでは，実際にタンパク質をコードする領域はヒトゲノム全体の 2 ％程度と見積もられている。

表 1.1 20 種類のアミノ酸とその表記

日本語表記	英語表記	3 文字表記	1 文字表記
アラニン	Alanine	Ala	A
アルギニン	Arginine	Arg	R
アスパラギン	Asparagine	Asn	N
アスパラギン酸	Aspartate	Asp	D
システイン	Cysteine	Cys	C
グルタミン	Glutamine	Gln	Q
グルタミン酸	Glutamate	Glu	E
グリシン	Glycine	Gly	G
ヒスチジン	Histidine	His	H
イソロイシン	Isoleucine	Ile	I
ロイシン	Leucine	Leu	L
リシン（リジン）	Lysine	Lys	K
メチオニン	Methionine	Met	M
フェニルアラニン	Phenylalanine	Phe	F
プロリン	Proline	Pro	P
セリン	Serine	Ser	S
スレオニン	Threonine	Thr	T
トリプトファン	Tryptophan	Trp	W
チロシン	Tyrosine	Tyr	Y
バリン	Valine	Val	V

られる過程を**転写**（transcription），RNA からタンパク質へ情報が変換される過程を**翻訳**（translation）と呼ぶ。遺伝子から転写されてできる RNA を**メッセンジャー RNA**（messenger RNA；**mRNA**）と呼ぶ。以降では転写と翻訳の過程を解説するが，これらの過程は原核生物と真核生物でいくつかの違いが存在する。そこでまずは真核生物での基本的な転写・翻訳のメカニズムを概説し，ついで原核生物との違いに言及する。

また，DNA からタンパク質への情報伝達の流れのことは，**セントラルドグマ**（central dogma）と呼ばれる。ここでの「情報」とは，遺伝情報，特にタンパク質を作るための情報のことである。DNA の二重らせん構造の発見の功績によりジェームズ・ワトソン（James Watson）とともにノーベル生理学・医学賞を受賞したフランシス・クリック（Francis Crick）によると[2)]，セントラルドグマにおける遺伝情報は以下の 2 点に要約できる。

1. 遺伝情報の伝達方向は一方向である：核酸から核酸，核酸からタンパク

　質の情報伝達は可能であるが，タンパク質からタンパク質，タンパク質
　から核酸という情報伝達は起こらない。

2.　遺伝情報の表現は配列である：遺伝情報は核酸の塩基やタンパク質のア
　ミノ酸残基の配列として表現されている。

セントラルドグマにおいて遺伝情報を担う物質は，DNA，RNA，タンパク
質である。この3種類の物質の間で遺伝情報が伝達されると考える。特に，セ
ントラルドグマではDNA，RNA，タンパク質の間で情報伝達が物質合成の形
で起こる（**表1.2**）。

表1.2　セントラルドグマにおける情報伝達の様式

情報伝達の物質	情報伝達としての呼称	物質合成としての呼称
DNA → DNA	複製	DNA 合成
DNA → RNA	転写	RNA 合成
RNA →タンパク質	翻訳	タンパク質合成

1.3.4　転　　　　写

転写とは，DNA の遺伝情報が RNA に伝達されることである。物質合成と
しては，DNA を鋳型とした RNA 合成のことである。この合成を実際に担う
のが，**RNA ポリメラーゼ**（RNA polymerase）と呼ばれる酵素である。また，
この RNA 合成の際に作られる RNA のうち，特にタンパク質をコードするも
のをメッセンジャー RNA（mRNA）と称する。なお，RNA が転写されること
や，後述するようにタンパク質が翻訳されることは**発現**（expression）と呼ば
れる。特に，遺伝子領域からの転写は**遺伝子発現**（gene expression）と呼ばれ
る。本書における発現とは RNA が転写されることを指し，その転写される量
を**発現量**（expression level）と呼ぶこととする。

　二本鎖 DNA において，タンパク質の情報がコードされた鎖を特に**センス鎖**
（sense strand）と呼び，センス鎖の相補鎖を**アンチセンス鎖**（antisense strand）
と呼ぶ。転写においては，DNA のアンチセンス鎖を鋳型として，RNA が合成
される。すると，転写された mRNA はアンチセンス鎖の逆向きの相補鎖，つ
まりセンス鎖と同じ配列情報を持つことになる。

転写はゲノム上のあらゆる場所で行われるのではなく，特定の領域でのみ行われる。また，細胞・組織・臓器ごとにどのような遺伝子が転写されるかは異なり，これによって細胞が異なる機能を発揮できる。転写は，**基本転写因子**（general transcription factor）と呼ばれるタンパク質と RNA ポリメラーゼが，遺伝子領域上流に存在するプロモーター（promoter）と呼ばれる DNA 領域に結合することで開始される。また，基本転写因子とは別に**転写因子**（transcription factor；**TF**）という DNA 結合タンパク質が存在し，これがプロモーターに結合するかどうかも転写制御に重要な役割を果たす。この転写因子はさまざまな種類が存在し，各転写因子が結合する DNA 配列（転写因子結合モチーフ）が異なる。したがって，プロモーター中に含まれる転写因子結合モチーフの違いが，細胞・組織・臓器特異的な発現を制御するメカニズムの一つである。

（1）　mRNA 前駆体と成熟 mRNA　　ゲノムから転写されたばかりの mRNA は，正確には **mRNA 前駆体**（pre-mRNA）と呼ばれる。この mRNA 前駆体が複数のステップを経て，**成熟 mRNA**（mature mRNA）が形成される。以降では，mRNA 前駆体から成熟 mRNA へのプロセスを概説する。

真核生物の遺伝子領域およびそれに対応する mRNA 前駆体には，**エキソン**

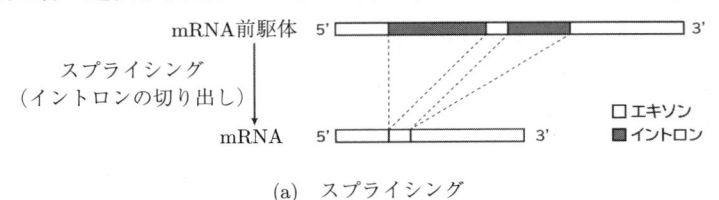

(a)　スプライシング

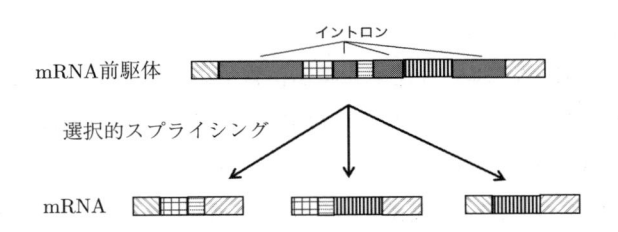

(b)　選択的スプライシング

図 1.1　スプライシングの概要

（exon）と呼ばれる領域と**イントロン**（intron）と呼ばれる領域が存在する。RNA 前駆体中のイントロンは**スプライシング**（splicing）と呼ばれる反応によって除外され，エキソンのみが結合した mRNA が作られる（**図 1.1**(a)）。

また，成熟 mRNA に至る過程で，mRNA の 5' 端には **5' キャップ構造**（5'cap）という修飾構造が付加される。この 5' キャップ構造は，核外への輸送や分解の抑制，翻訳の促進などに重要である。さらに，mRNA の 3' 端にはポリアデニル化（polyadenylation）と呼ばれる過程を経て，連続したアデニン塩基である**ポリ A 鎖**（poly-A tail）が付加される。ポリ A 鎖は，輸送や mRNA の安定性，翻訳などに重要である。

（**2**）**選択的スプライシングとアイソフォーム**　先の説明ではスプライシングを経てエキソンが残るとしたが，実際にはイントロンと同様にエキソンも除外され，どのようなエキソンが最終的に残るかは択一的ではない。このように特定のエキソンを選びスプライシングする過程を**選択的スプライシング**（alternative splicing）と呼ぶ（図 1.1(b)）[†]。選択的スプライシングにより，一つの遺伝子領域から複数の種類の mRNA を作り出すことができ，結果として機能や局在などの異なる複数のタンパク質を作り出すことができる。

このように，同一遺伝子から転写されたものの，選択的スプライシングにより異なる配列を持つ mRNA どうしを**スプライシングアイソフォーム**（splicing isoform）と呼ぶ。また，トランスクリプトーム解析においては，スプライシングで生じる mRNA の違いを総称して単に**アイソフォーム**（isoform）と呼ぶことが多い。

1.3.5　翻　　　　訳

翻訳とは，mRNA にコードされた遺伝情報がタンパク質に伝達されることである。物質合成としては，mRNA を鋳型としたタンパク質合成である。

翻訳は，mRNA の 3 塩基に対し一つアミノ酸を指定することで進む。この 3 塩基の組を**コドン**（codon）と呼ぶ。20 種類のアミノ酸は，**転移 RNA**

[†]　なお，実際の選択的スプライシングはエキソンを除外するか否かだけでなく，スプライスされる部位が変わるなど，いろいろなパターンがある。

（transfer RNA：**tRNA**）と呼ばれる RNA にそれぞれ化学結合している。このアミノ酸が結合する tRNA はアミノ酸の種類によって異なり，特に**アンチコドン**（anticodon）と呼ばれる部分ではそれぞれ異なる 3 塩基を持つ。mRNA の 3 塩基に対し一つアミノ酸を指定する仕組みは，コドンに対し相補的なアンチコドンを持つ tRNA が結合することで，それに対応するアミノ酸が指定されるわけである。コドンには $4^3 = 64$ 通りの組合せがあるが，全コドンとアミノ酸の対応をまとめたものをコドン表あるいは遺伝暗号表と呼ぶ（**表 1.3**）。

表 1.3　真核生物のコドン表：各枠内の左からコドン，アミノ酸 1 文字表記，3 文字表記で，Ter は終止コドンを表す。

TTT	F	Phe	TCT	S	Ser	TAT	Y	Tyr	TGT	C	Cys
TTC	F	Phe	TCC	S	Ser	TAC	Y	Tyr	TGC	C	Cys
TTA	L	Leu	TCA	S	Ser	TAA	*	Ter	TGA	*	Ter
TTG	L	Leu	TCG	S	Ser	TAG	*	Ter	TGG	W	Trp
CTT	L	Leu	CCT	P	Pro	CAT	H	His	CGT	R	Arg
CTC	L	Leu	CCC	P	Pro	CAC	H	His	CGC	R	Arg
CTA	L	Leu	CCA	P	Pro	CAA	Q	Gln	CGA	R	Arg
CTG	L	Leu	CCG	P	Pro	CAG	Q	Gln	CGG	R	Arg
ATT	I	Ile	ACT	T	Thr	AAT	N	Asn	AGT	S	Ser
ATC	I	Ile	ACC	T	Thr	AAC	N	Asn	AGC	S	Ser
ATA	I	Ile	ACA	T	Thr	AAA	K	Lys	AGA	R	Arg
ATG	M	Met	ACG	T	Thr	AAG	K	Lys	AGG	R	Arg
GTT	V	Val	GCT	A	Ala	GAT	D	Asp	GGT	G	Gly
GTC	V	Val	GCC	A	Ala	GAC	D	Asp	GGC	G	Gly
GTA	V	Val	GCA	A	Ala	GAA	E	Glu	GGA	G	Gly
GTG	V	Val	GCG	A	Ala	GAG	E	Glu	GGG	G	Gly

翻訳は，mRNA の 5' 側から進むが，5' 端からすぐに翻訳されるわけではない。基本的には，mRNA の 5' 側に存在する**開始コドン**（start codon）と呼ばれる ATG の 3 塩基を開始点とし，翻訳が進む。そして，つぎの 3 塩基のコドンに対応するアミノ酸が tRNA を経由して運ばれてきて，それまでのペプチド（アミノ酸が重合したもの）に重合し，タンパク質合成が進む。やがて，終止コドンと呼ばれる特定のコドンに到達すると，タンパク質合成が完了する[†]。この翻訳の一連のプロセスを担う分子機械はリボソーム（ribosome）と呼ばれる。

[†]　なお，開始コドンに対応する先頭のメチオニンは，多くのタンパク質において翻訳の途中で除去される。

（1） 翻 訳 領 域   翻訳は，mRNA の 5' 側から 3' 側へと進むが，その開始位置は開始コドンであり，終結位置は終始コドンである。この開始コドンから終始コドンまでの，タンパク質に翻訳される配列のことを**コーディング配列**（coding sequence；CDS）と呼ぶ（**図 1.2**）。

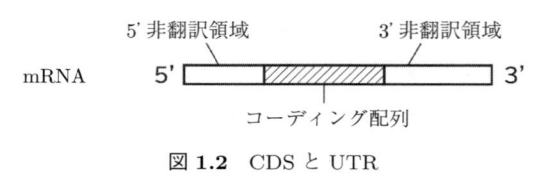

図 1.2 CDS と UTR

（2） 非翻訳領域   一方で，mRNA の上流（5' 側）と下流（3' 側）にはタンパク質に翻訳されることのない領域があり，これを**非翻訳領域**（untranslated region；UTR）と呼ぶ。あるいは，5' 側と 3' 側を区別してそれぞれ 5'UTR と 3'UTR と呼ぶ。

1.3.6 原核生物の遺伝子構造と転写と翻訳

原核生物は核を持たず，DNA は細胞質基質中に存在する。そして，RNA ポリメラーゼによって mRNA が転写されたそばから，リボソームが mRNA に結合し翻訳が行われ，転写と翻訳が同時に進行する。ここで，原核生物の遺伝子はイントロンで分断されておらず，それゆえスプライシングもされない。また，5' キャッピングやポリ A 鎖といった転写後修飾もされない。また，原核生物では機能的に類似する遺伝子が一つのプロモーターの下流に連続して存在する**オペロン**（operon）と呼ばれる機能単位を持つ。同一オペロン中の遺伝子に対しては，1 本の RNA としてまとめて転写され，翻訳される[†]。これにより，同一機能を持つ遺伝子の発現制御をひとまとめに行うことができる。そのほかにも，原核生物である真正細菌では GUG・AUA・UUG なども開始コドンとするように，コドン表は基本的には共通するものの違いがある場合もある。

[†] 真核生物の一部にもオペロンは存在する。ただし，真核生物の場合は 1 本の RNA がスプライシングを経て遺伝子ごとに分かれたモノシストロンの mRNA が形成される。

コーヒーブレイク

　ここまで，標準的な真核生物の転写と翻訳のメカニズムと，原核生物の特徴を説明してきた。しかし生物には何事も例外が存在し，一見普遍的に見える転写のメカニズムに対しても，一風変わったメカニズムを持つ真核生物が存在する。

　真核原生生物の病原性寄生虫であるリーシュマニアのゲノムでは，機能的に特に関連性のない数十から数百の遺伝子がゲノムの同じ向きの鎖にコードされている。そして，それらの遺伝子がまとめて1本の mRNA 前駆体に転写されるというポリシストロニックな転写システムを持っている。そして，別に転写されたトランスクリプトである slRNA が，ポリシストロニックな mRNA 前駆体の，ある遺伝子の上流とトランススプライシングという過程を経て結合し切り出される。したがって，リーシュマニアにおける遺伝子発現は転写による制御ではなく，転写後に制御が働くと考えられている。

1.3.7　RNA の種類と機能

（1）　**mRNA**　これまで説明したとおり，遺伝子領域から転写され，タンパク質に翻訳される RNA を mRNA と呼ぶ。多くの mRNA に対しては，5'キャッピングやポリ A 鎖が付与されている。

（2）　**tRNA**　tRNA は長さ 76〜90 塩基の RNA で，mRNA の塩基配列とタンパク質のアミノ酸配列を対応づける仕組みとして機能する。tRNA はアンチコドンと呼ばれる 3 塩基の塩基配列を持つ。このアンチコドンが mRNA 上の 3 塩基からなるコドンを相補的に認識する。tRNA はアミノ酸と化学結合をしており，これを運ぶことができる。これにより，コドンの順序どおりにアミノ酸を並べることが可能となる。セントラルドグマの翻訳の段階において必須の分子である。

　tRNA はゲノムに多数コードされており，例えばヒトゲノム中には 500 程度存在すると概算されている。tRNA は数多く存在するが，特定のアンチコドンを持つ tRNA に対しては，特定のアミノ酸が結合される。

（3）　**rRNA**　リボソームは，mRNA の遺伝情報を基にタンパク質を合成する分子機械である。リボソームは，**リボソーマル RNA**（ribosomal RNA；

rRNA）と多種類のタンパク質から構成される。rRNA をコードしている遺伝子を rRNA 遺伝子と呼び，ゲノム上に多くのコピーを持つ[†1]。

　哺乳類の細胞においては，細胞中の RNA の多くは rRNA であり，80〜90 ％は rRNA であると見積もられている。

　（4）　短鎖RNA　　短鎖 RNA（small RNA）は長さ 200 塩基未満の短い RNA の総称である。さまざまな種類が知られているが，ここでは代表的な短鎖 RNA として miRNA と siRNA を説明する。

　miRNA とは，植物，動物，一部のウイルスなどに存在する約 22 塩基の非常に短い一本鎖 RNA である。ヒトにおいては，2 000 種類の miRNA が存在すると言われている。miRNA は，おもに mRNA の 3'UTR 中に存在する相補的な配列と結合し，これが mRNA の分解促進や翻訳抑制を引き起こすという遺伝子発現の転写後制御によってタンパク質発現を制御している。このように，短鎖 RNA が遺伝子の発現を転写後抑制することを RNA サイレンシングと呼ぶ。

　一方で，siRNA は miRNA と似た非常に短い RNA である。ただし，siRNA は二本鎖 RNA として存在しており，また，siRNA が哺乳類において存在するかは解明されておらず，おもに植物などでその存在が確認されている。なお，siRNA によって標的の mRNA が切断されタンパク質発現が抑制される現象は，RNA サイレンシングの中でも特に RNA 干渉（RNAi）と呼ばれている。この原理を利用し，化学合成した siRNA をヒト細胞に導入することで標的の mRNA を分解するといった実験も可能である[†2]。

　（5）　その他のRNA　　タンパク質をコードしていない RNA は，ノンコーディング**RNA**（non-coding RNA；**ncRNA**）と呼ばれている。tRNA，rRNA，短鎖 RNA はすべて ncRNA に分類される。この他にも，スプライシングに関わる ncRNA である核内低分子（snRNA）や，核小体に存在する核小体低分子

[†1]　実際には rRNA には 5SRNA など多様な種類があるが，ここでは割愛する。
[†2]　特定の遺伝子の機能を調べる上で，その遺伝子を発現しなくしたときに何が起きるかを調べることが一般的である。このうち，ゲノムを操作して遺伝子の破壊などをすることをノックアウト実験と呼ぶ。一方で，ゲノムは変えずに RNAi などを利用しその遺伝子の発現を抑制させる方法をノックダウン実験と呼ぶ。

RNA（snoRNA）などの存在が知られている。

　ncRNA の多くは mRNA に比べると短い RNA がほとんどだった。しかし，2000 年代中頃から，200 塩基よりも長い非コード RNA（lncRNA）[†]が多く存在することが発見された[4]。例えば，X 染色体不活化に関わる XIST など，現在までに重要な機能を持つ lncRNA がいくつも発見されてきた。しかし，lncRNA の機能の全貌に関しては依然としてわからない点が多く，今後のさらなる研究が待たれる。lncRNA をはじめ，ncRNA に特化した内容は本書の範疇を超えるため，詳しい説明は日本語総説記事[5]などを参考にしてほしい。

1.4　トランスクリプトームとは

　RNA は転写によって生合成されるため，生体内の RNA は特に転写産物またはトランスクリプト（transcript）とも呼ばれる。

　成体を構成する細胞・組織・臓器は，それぞれ特有の機能を持つ。このような異なる機能は，異なる遺伝子が活性化し，異なる機能のタンパク質が合成されることで実現される。例えば，免疫細胞ではウイルスや細菌の感染から身体を守る遺伝子のトランスクリプトが多く転写され，消化器官では食べ物の消化に関わる酵素のトランスクリプトが多く転写されている。逆に，その細胞・組織・臓器で不要な遺伝子のトランスクリプトの転写は抑制されている。

　このように，転写産物の種類や量は細胞・組織・臓器さらには個体ごとに違う。トランスクリプトーム（transcriptome）とは，あるサンプル中に存在する転写産物の総体を表す造語であり，トランスクリプトームを計測し解析することをトランスクリプトーム解析と呼ぶ。トランスクリプトーム解析では，トランスクリプトの塩基配列を決定することで，あるサンプルに存在するトランスクリプトの種類およびそれぞれのトランスクリプトの量についての情報を得ることができる。

---

†　この 200 塩基という数値は恣意的な閾値で，大きな意味はないとされる。最近では，500 塩基以上とするのが適切だろうといった議論もなされている[3]。

このようなトランスクリプトームの全貌を知ることができれば，例えばある疾患のサンプルと対照群のサンプルのトランスクリプトームを比較し，どのようなトランスクリプトに違いがあるかが明らかとなり，その疾患で何が起きているかを理解する上で助けになる。

1.5　ゲノムアノテーション

これまで述べたように，ゲノムの全領域からトランスクリプトが生成されるわけではない。遺伝子をはじめ，tRNA や rRNA などの ncRNA が生成される領域の情報を収集し整備することを**ゲノムアノテーション**（genome annotation）あるいは単に**アノテーション**（annotation）と呼ぶ†。本書において遺伝子などに対してアノテーションという用語を使用する際は，あるゲノム領域からアイソフォームの多様性を含めどのようなトランスクリプトが生成されるかを収集・整備したものを指すとする。十分に研究が進んでいる生物種に対してはアノテーションが充実しているが，非モデル生物に関してはアノテーションが十分に整備されていないことも多い。また，ヒトのように数多く研究されてきたサンプルであっても，特定の細胞種やがんでのみ発現するトランスクリプトなども存在し，未検出でアノテーションに登録されていないトランスクリプトも依然として多数存在すると考えられている。

1.6　RNA シークエンシング

トランスクリプトームを計測する手段として，**RNA シークエンシング**（**RNA-seq**）が用いられることが多い。RNA-seq では，DNA シークエンサーを用いて各トランスクリプトの塩基配列を決定する。ただし，DNA シークエンサーは

---

†　また，ゲノムアノテーションのほかにも，遺伝子に対して機能の情報を付与する機能アノテーションもあり，こちらを指してアノテーションと呼ぶこともあるので注意してほしい。

RNA のままで配列決定することはできない[†1]。そのため，RNA-seq ではまず，RNA を鋳型として**相補的 DNA**（complementary DNA；**cDNA**）を合成する。この合成反応は**逆転写**（reverse transcription）と呼ばれる[†2]（**図 1.3**(a)）。そして，一本鎖 cDNA を鋳型として二本鎖 cDNA 合成が行われ，DNA シークエンサーで配列決定ができる核酸分子となる。

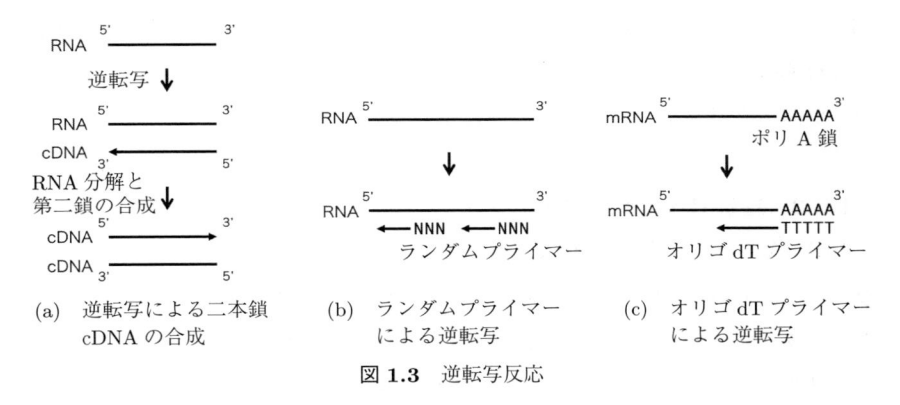

(a)　逆転写による二本鎖　　(b)　ランダムプライマー　　(c)　オリゴ dT プライマー
　　　　cDNA の合成　　　　　　　　による逆転写　　　　　　　　による逆転写

図 1.3　逆転写反応

　RNA-seq と一口に言っても，どのようにトランスクリプトームを抽出し，どのようにシークエンシングするかによって，どのようなデータが得られるかに違いがある。ここでは，RNA-seq に関する代表的な種類と用語を説明する。

1.6.1　トータル RNA とポリ A RNA シークエンシング

　トータル RNA とは，サンプル中に含まれるトランスクリプト全体を意味し，**トータル RNA-seq**（total RNA-seq）とはそれら全部をシークエンシングすることを指している。ただし，実際はサンプル中には多量の rRNA が含まれることから，すべてをシークエンシングすると rRNA 由来のリードが大半を占めてしまい，その他のトランスクリプトを調べることを妨げる。したがって，rRNA

[†1]　ただし，ダイレクトシークエンシングという RNA を直接解読する技術は存在する。これに関しては 1.6.7 項および 10.5 節で紹介する。

[†2]　逆転写反応はセントラルドグマの流れを逆流させるものである。この反応は RNA ウイルス研究により見つかり，逆転写反応を司る逆転写酵素の発見によって，実験的に逆転写反応が実現可能となった。

に相補的に結合するプローブを用いて rRNA を除外した上で，ランダムプライマー [†1] を用いて逆転写のプライミングを行い，RNA-seq を行う（図 1.3(b)）。このことから，rRNA-depleted RNA-seq などとも呼ばれる。

一方で，**ポリ A RNA-seq**（poly-A RNA-seq）では，ポリ A 鎖を持つ RNA を選択的にシークエンシングする技術である。逆転写のプライマーにはオリゴ dT プライマーを用いることで，ポリ A 鎖に相補的に結合し，選択的に逆転写反応を進めることができる（図 1.3(c)）。基本的には，真核生物の mRNA 由来のトランスクリプトームを調べる際に用いられる [†2]。

1.6.2 短鎖 RNA シークエンシング

miRNA などの短鎖 RNA は，血漿でのバイオマーカーとしても有用であるなど，注目を集めている[6)]。しかし，通常の RNA-seq では元の RNA の長さによってライブラリのできやすさが異なり，短鎖 RNA はシークエンシングされずらく計測が難しい。そのため，短鎖 RNA を調べたい場合は，あらかじめ電気泳動後のゲルから切り出したりカラム精製などの方法によって，多様な RNA 種の中で特定の長さの範囲の短鎖 RNA だけを濃縮するといった工夫がなされる。このように短い RNA だけを選択してシークエンシングする方法を短鎖 RNA-seq（small RNA-seq）と呼ぶ。

1.6.3 full-length と 3' 端・5' 端 RNA シークエンシング

RNA の 5' 端から 3' 端までの全体のどこかに由来するようなリードが得られるようにする RNA-seq を **full-length RNA-seq** と呼ぶ（図 1.4(a)）。一

[†1] ランダムプライマーとは，多様でランダムな塩基配列を持ったオリゴヌクレオチドであり，これをプライマーとすることで，理想的には DNA 上で一様ランダムにプライミングが行われることを想定するものである。

[†2] 原核生物の mRNA はポリ A 鎖は付与されないので読むことができない。また，真核生物であっても，例えば多くのヒストンタンパク質がそうであるようにタンパク質をコードする RNA の中にはポリ A 鎖が付与されないものが存在する。さらにポリ A 鎖を持つ ncRNA も存在し，必ずしもポリ A 鎖の有無とタンパク質をコードするかどうかは一致しない。

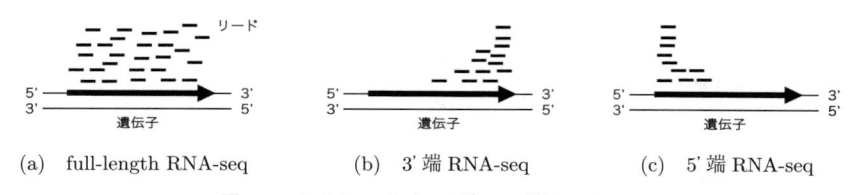

(a) full-length RNA-seq   (b) 3' 端 RNA-seq   (c) 5' 端 RNA-seq

図 1.4 full-length と 3' 端・5' 端 RNA-seq

般には，ランダムプライマーを用いたトータル RNA-seq がこれに該当する。full-length RNA-seq では，トランスクリプトの全体の情報がわかることから，未知のトランスクリプトを検出したりアセンブリするのに用いられるほか，アイソフォームの詳細もわかるなどの利点がある。

　一方で，RNA の 3' 端のみを読む技術を **3' 端 RNA-seq**（3'end RNA-seq）と呼ぶ（図 1.4(b)）。これは基本的にオリゴ dT プライマーを用いるもので，真核生物の mRNA の量を調べたり，あるいはポリ A 鎖の場所を調べる場合に利用される。トータル RNA-seq と比較すると，アイソフォームの量を調べることは不得手であるが，遺伝子の 3' 端に限定して調べることで解析範囲が限定でき，またリード数を抑え効率的に定量できるといった利点がある。

　逆に，RNA の 5' 端のみを読む技術も存在し，それらは **5' 端 RNA-seq**（5'end RNA-seq）と呼ぶ（図 1.4(c)）。転写開始点の情報を得たい場合に用いられることが多い。

1.6.4　シングルエンドとペアエンド

　NGS でライブラリ DNA から塩基配列を決定する際に，**シングルエンド**（single-end）シークエンスと**ペアエンド**（paired-end）シークエンスの二つのアプローチがある。

　シングルエンドシークエンシングは，核酸分子の片方の末端（一つの方向）からのみ読み取りを行う。出力されるリードはシングルエンドリードと呼ばれ，一つの方向から読み取られた塩基配列の情報を持つ（**図 1.5**(a)）。シングルエンドシークエンシングは比較的低コストで高いカバレージを実現できるが，相

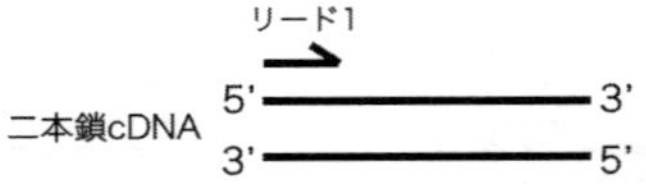

(a)　シングルエンドリード 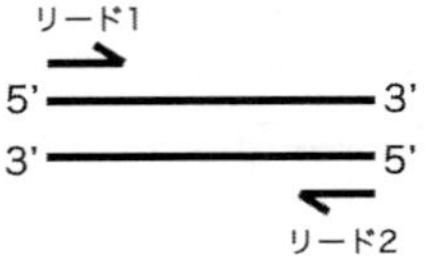　　　　(b)　ペアエンドリード

図 1.5　シングルエンドリードとペアエンドリード

補的な情報を提供することが制限される場合がある。

　一方で，ペアエンドシークエンシングは，核酸分子の両端から読み取りを行う。出力されるリードはペアエンドリードと呼ばれ，それぞれのリードは逆相補的な情報を提供する（図 1.5(b)）。ペアエンドシークエンシングは，シングルエンドシークエンシングに比べて高い解像度と情報量を提供するが，より高いコストがかかることが一般的である。ペアエンドシークエンシングは，擬似的に長い核酸分子の端の塩基配列のペアを得ることができるため，擬似的に長い読み取り長を実現しているとも捉えられる。そのため，染色体間の距離や挿入・欠失の同定，染色体組換えの解析，トランスクリプトームアセンブリなどに適している。また，ペアエンドで読む際に対象とする DNA 断片全体の長さを**インサート長**（insert size）と呼ぶ。インサート長の分布は，ライブラリ DNA の長さ分布を反映する。

1.6.5　ストランド情報の有無

　RNA-seq において，元の RNA に対してセンス鎖とアンチセンス鎖のいずれに該当する塩基配列のリードが出力されるかを，ストランド情報と呼ぶ（**図 1.6**）。このストランド情報が保持されるかどうかは，RNA-seq のプロトコルによって決まる。ストランド情報が保持される RNA-seq を stranded RNA-seq と呼ぶ[†]。一方で，ストランド情報が保持されない RNA-seq は unstranded RNA-seq あるいは non-stranded RNA-seq と呼ぶ。

　stranded RNA-seq は，塩基配列がセンス鎖かアンチセンス鎖かがわかるた

[†]　元の RNA に対しどちらの向きのリードが生成されるかはプロトコルに依存する。

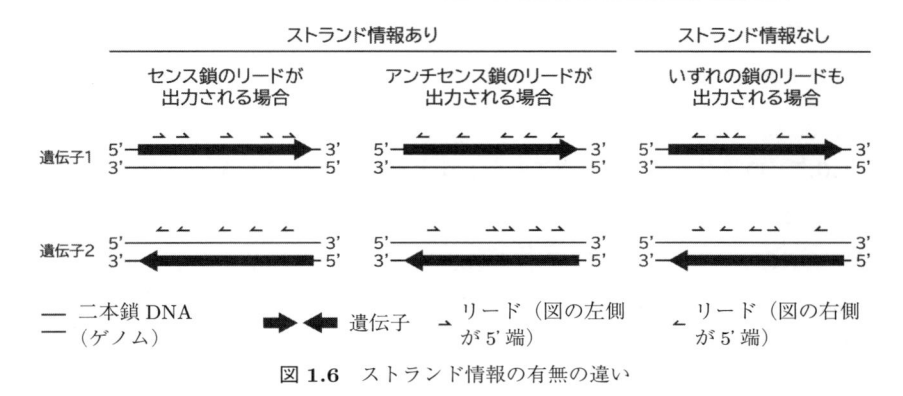

図 **1.6** ストランド情報の有無の違い

め，トランスクリプトームアセンブリなどを行う際に有用である．また，ゲノ
ムの同一領域から逆向きに異なるトランスクリプトが生成されることがあるが，
このような場合でもストランド情報があれば由来を区別することができる．

1.6.6 分子バーコード

DNA を PCR で増幅する過程にはバイアスがあることが知られており，増え
やすい配列，増えにくい配列が存在する．このようなエラーを補正するために，
分子バーコード（unique molecular identifiers；**UMI**）という分子バーコー
ディングが用いられることがある．1 分子の RNA に対し，ユニークな塩基配
列を持ちバーコードとなる核酸分子である UMI を付加し，UMI を含めシーク
エンスすることで，そのリードの由来となる RNA を区別することができる技
術である†．すなわち，同じバーコードを持つリードは同じ RNA 由来であり，

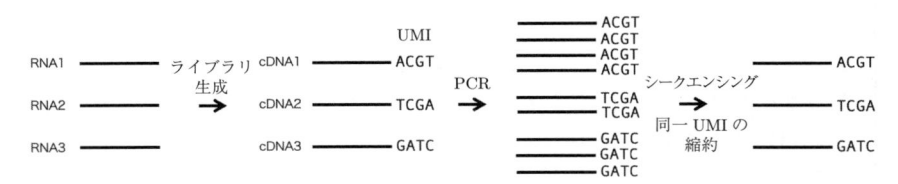

図 **1.7** UMI の概要

---

† 厳密には，すべての RNA に対してユニークである必要はない．同一遺伝子由来のリー
ドに対し UMI がユニークと期待される程度の多様性があれば，発現量を補正する上で
は十分である．

一つに縮約することで，例えば PCR で過剰に増えたリードの効果を補正することができる（図 **1.7**）。

1.6.7　ロングリードシークエンシングとダイレクト **RNA** シークエンシング

　本書では基本的に NGS から生成されるショートリードを想定するが，ロングリードシークエンシングもトランスクリプトームを理解する上で重要な技術である。ロングリードシークエンサーでは，RNA の逆転写の前後で断片化を行わずにライブラリ DNA 化してシークエンシングを行う。リード長が長いということは，それだけで新しくトランスクリプトをアセンブリする場合やアイソフォームの同定にとって利点となる[7),8)]。

　また，シークエンサーは基本的に DNA を読む装置であるが，ナノポア塩基配列決定法では RNA をそのままの状態で配列決定できる可能性を秘めている。このように，RNA をそのまま配列決定する方法を**ダイレクト RNA シークエンシング**（direct RNA sequencing）と呼ぶ。RNA 分子には塩基に化学修飾が施されることがあるが，RNA を直接読むことでこのような修飾塩基の検出は可能である[9)]。

　ロングリード技術は精度や感度などに課題は残るが，今後の技術発展が期待される。

┤ コーヒーブレイク ├

　RNA-seq より以前に登場した実験技術としてマイクロアレイがあり，マイクロアレイを用いてトランスクリプトの量の計測も行われていた。マイクロアレイでは，チップ上に稠密に並べられたプローブと呼ばれる短い DNA 分子を利用する。異なるプローブは異なる塩基配列を持ち，その配列は，RNA を得られて逆転写された cDNA と相補鎖を形成するように設計されている。蛍光色素を付加した cDNA を添加し，プローブの位置ごとに蛍光を計測すると，プローブに結合する cDNA の量が多いほど蛍光が強くなるため，蛍光の強さに基づいて元の RNA 量が推定できる。ただし，マイクロアレイでは，あらかじめプローブが設計されている RNA のみの量がわかるため，プローブが設計されていない RNA については量が計測できないという限界があった。そのため，新規な遺伝子やア

イソフォームの量を推定することはできず，現代のトランスクリプトーム解析において，RNA-seq が主流になった。しかし，RNA-seq よりマイクロアレイのほうが優れている点も存在し，マイクロアレイが活躍する場面も多々あることは忘れてはいけない。

1.7 本章のまとめ

本章では分子生物学の基礎知識と用語の解説をするとともに，トランスクリプトームの概要および RNA-seq の種類を解説した。特に RNA-seq の種類は多く，また以降の章でも特定の技術に言及することが多いため，必要に応じて本章に戻って確認してほしい。

また，個々の知識や技術の説明は省略している部分も多いため，それらの分子生物学の知識をさらに身につけたい読者は，本シリーズの『バイオインフォマティクスのための生命科学入門』などを読んで補完してほしい。また，より詳しい説明は『ゲノム 第 4 版』[1] などが詳しいので，必要に応じてそちらを参考にしてほしい。

2 トランスクリプトームアセンブリ

　RNA-seq を行う目的は，サンプル中に存在する転写産物の総体（トランスクリプトーム）を計測することである。端的に言えば，サンプル中にどのような転写産物がどれくらい存在しているかを調べることが目的である。このうち，「どのような転写産物が存在するか」に関しては，比較的よく研究がされているモデル生物では転写産物のアノテーションがよく整備されていることから，それらと照らし合わせることで調べることができる。しかし，これは限られた生物種の話であり，非モデル生物などを対象とする場合は転写産物のアノテーションが十分に整えられていないことや，そもそもゲノム配列が決まっていない場合も多い†。このような場合であっても，RNA-seq のリードを「貼り合わせる」ことで元の転写産物配列（cDNA）を再構築し，「どのような転写産物が存在するか」を調べることができる。この一連の作業は**トランスクリプトームアセンブリ**（transcriptome assembly）と呼ばれる。

　本章では，シークエンシングされたリードを貼り合わせて元の配列を再構築する配列アセンブリの一般的な概念から始め，RNA-seq データのみで元の転写産物配列を再構築する ***de novo*** トランスクリプトームアセンブリ（*de novo* transcriptome assembly）と，ゲノム配列が利用可能な場合に行われる**リファレンスベースドアセンブリ**（reference-based assembly）を紹介する。

---

† したがって，モデル生物を解析する上では本章の内容は必ずしも必要ではない。そのような場合は本章は読み飛ばしても構わない。

2.1 配列アセンブリ

　シークエンサーの種類によって読むことができるリード長に違いはあるものの，シークエンサーのリードは元の DNA を断片化した部分的な配列情報しか持たない。この部分的な配列情報であるリードの集合を貼り合わせて，元の DNA 配列を再構築する操作を配列アセンブリと呼ぶ。配列アセンブリの究極の目標は元の DNA を完全に再構築することであるが，それはしばしば現実的ではない。実際にはリードを貼り合わせて復元されるのは元の DNA の部分的な配列であり，アセンブリによって 1 本につながった配列は**コンティグ**（contig）と呼ばれる（**図 2.1**）。また，ペアエンドなどの情報がある場合は，二つ以上のコンティグが未決定な配列であるギャップを介してつなぐことができることがあり，このようにしてつながった構造は**スキャフォールド**（scaffold）と呼ばれる（図 2.1）。

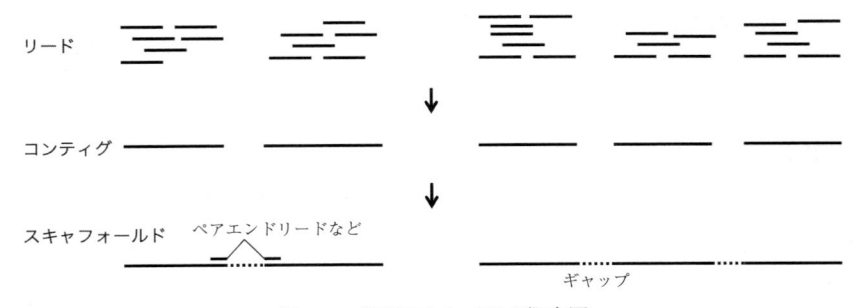

図 **2.1**　配列アセンブリの概念図

　配列アセンブリには，ゲノム DNA をシークエンスしたリードからゲノム配列を再構築するゲノムアセンブリと，RNA-seq のリードから転写産物の cDNA 配列を再構築するトランスクリプトームアセンブリがある。ここでは，基本的な配列アセンブリの方法論を紹介した後，ゲノムアセンブリとトランスクリプトームアセンブリの違いに言及する。

2.1.1 overlap-layout-consensus

NGS が登場する前に一般的に用いられていた配列アセンブリの方法論が **OLC**（overlap-layout-consensus）である。OLC ではまず，全リード間での配列のオーバーラップを調べ†，リードを頂点としてオーバーラップするリードどうしを辺で結んだグラフ構造を考える（**図 2.2**）。そしてこのグラフに対し，すべてのノードを一度だけ通る経路である**ハミルトン路**（hamiltonian path）を求めることで，元の DNA 上でのリードの出現順序を知ることができる（レイアウト）。最後に，微調整や一致しない塩基において多数決などをとることによって，リードの長さ以上の範囲の元の DNA 配列を復元することができる（コンセンサス）。OLC に基づく配列アセンブラとしては，Newbler[10] や Celera Assembler[11] などがある。

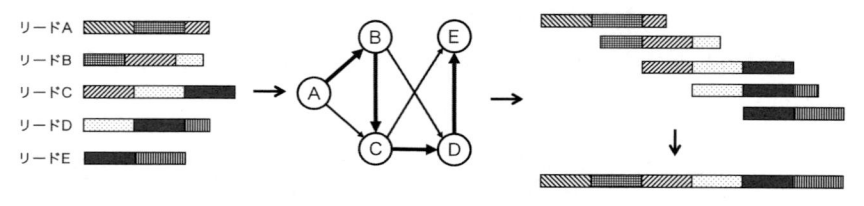

図 2.2　OLC の概念図

OLC は非常にシンプルでわかりやすいが，短いリードを大量に読むことができる NGS のリードをアセンブリするには不向きな戦略であった。まず，膨大なリードに対して全リード間で配列のオーバーラップを調べることがきわめて困難となった。また，グラフ構造に対してすべての頂点を一度だけ通る経路であるハミルトン路が存在するかを判定する問題は NP 完全と呼ばれる問題に属し，効率的に解くことはできないと考えられている。このような問題から NGS に対して OLC はほとんど利用されなかったが，1 章で紹介したロングリードシークエンサーに対するトランスクリプトームアセンブリでは OLC は依然として有効なアプローチである。

---

†　これにはアライメントが用いられる。アライメントの詳細は 3 章で説明する。

2.1.2 *k*-mer に基づくグラフとハミルトン路

NGS が登場しショートリードが大量に得られるようになったことで，OLC における全リード間でのオーバーラップの計算が困難になった。そのような状況に対処すべく，リード間のオーバーラップを計算するのではなく，リードに存在する長さ *k* の部分配列である *k*-mer を用いた方法が注目を集めるようになった。この方法では，まずはリードに存在する長さ *k* の部分配列である *k*-mer の出現回数をカウントする（図 **2.3**(a))†。このとき，ある *k*-mer から実際に辺を引く可能性がある頂点は，その *k*-mer の後方 $(k-1)$-mer から始まり，末端に4塩基のいずれかを結合した4通りの *k*-mer のみである。あらかじめ出現する *k*-mer をすべてカウントしておきハッシュテーブルに格納しておくことで，実

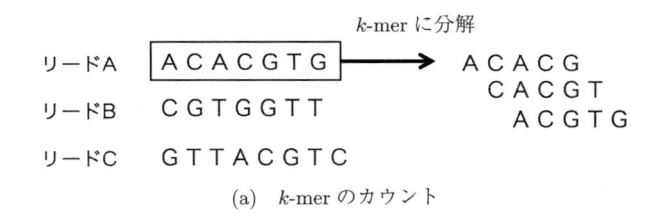

(a)　*k*-mer のカウント

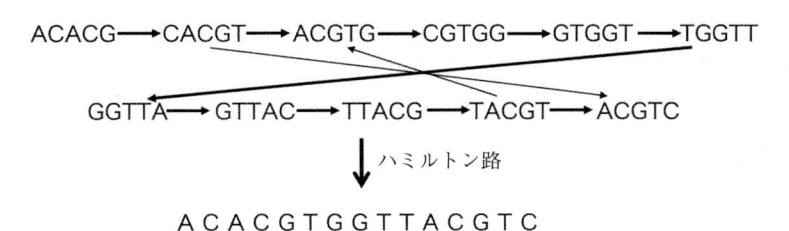

(b)　*k*-mer グラフに基づく配列アセンブリ

図 **2.3**　*k*-mer グラフとハミルトン路の概念図

---

† 図 2.3 では $k = 5$ としているが，実際には *k* の値は *k*-mer が元の DNA 配列上で一度だけ出現するような大きな値を設定する。最適な *k* の値は状況によって異なるが，一般的にはパリンドロームが現れることを避けるべく奇数の値を指定し，例えば $k = 25$ といった値が使用される。なお，パリンドロームとは核酸に見られる回文配列のことである。例えば，GAATTC という塩基配列に対する逆向きの相補鎖は同じく GAATTC となり，これをパリンドロームと呼ぶ。

際にその 4 通りの k-mer が存在するかを短時間で検索することができ，素早く図 2.3(b) のようなグラフを構築することができる。つまり，OLC ではリードを頂点としたグラフを考えていたが（図 2.2），ここでは k-mer を頂点として考え，二つの k-mer が後側 $(k-1)$-mer と前側 $(k-1)$-mer とが一致していたら頂点間に辺を引いたグラフ構造を考えている。

このグラフ構造に対し，OLC と同様にすべての頂点を一度だけ通る経路であるハミルトン路をたどることで，元の DNA 配列を復元することができる（図 2.3(b)）。ただし，ハミルトン路を求めることが計算機的に難しいということには変わりはなく，こちらの方法にも限界がある。

2.1.3　ド・ブラウングラフとオイラー路

k-mer に基づくアプローチにより全リード間のオーバーラップを計算する必要はなくなったが，ハミルトン路を求めるという大変な計算が依然として残っていた。この問題に対し，ド・ブラウングラフ（de Brujin[†1] graph）[12] というグラフ構造を使うと，計算が簡単な別の問題へと変換できることが知られている。先ほどの k-mer のグラフとは異なり，ド・ブラウングラフでは k-mer の前側 $(k-1)$-mer の配列と後側 $(k-1)$-mer の配列を頂点と考え，その頂点間に辺を引くというグラフ構造である（**図 2.4**）。これはつまり，頂点間の辺が k-mer を表していることに相当する（図 2.4(b)）。

このド・ブラウングラフに対し，すべての辺を通る経路であるオイラー路を求めることで，元の DNA 配列を復元することができる（図 2.4(b)）。一見するとハミルトン路もオイラー路も似たような概念であるが，オイラー路は計算機を用いて効率的に発見できることが知られている[†2]。ハミルトン路の問題をオイラー路の問題へと置き換えることに成功したのが，ド・ブラウングラフの功績である。このようなド・ブラウングラフに基づく配列アセンブラとしては，

[†1]　本書では de Brujin をド・ブラウンと記すが，さまざまな読み方をされている。
[†2]　ハミルトン路の存在判定は NP 完全であるが，オイラー路に関しては辺の数に関して線形時間の計算量で計算するアルゴリズムが知られている。

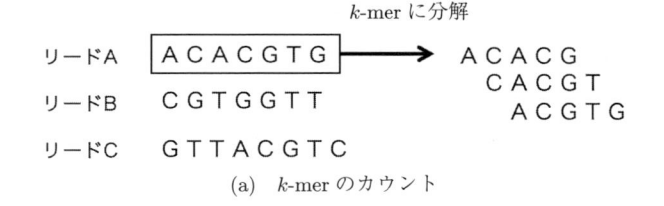

(a)　k-mer のカウント

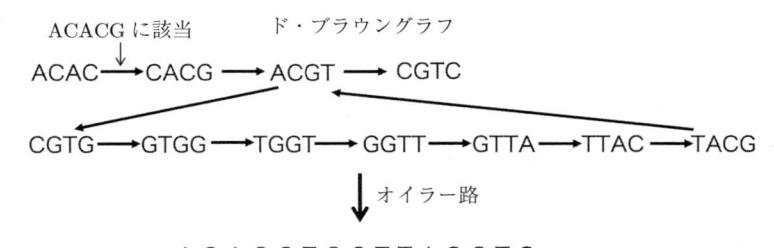

(b)　ド・ブラウングラフに基づく配列アセンブリ

図 **2.4**　ド・ブラウングラフの概念図

Velvet[13] や SOAPdenovo2[14] などがある。

　なお，実際には図 2.4 のようにただちにうまくいくわけではない。例えばシークエンスエラーなどが存在すると，ド・ブラウングラフで分岐が生じてしまいオイラー路を決められなくなる（**図 2.5**）。また，$k = 25$ とすると可能な k-mer は約 10^{15} 通りとなり，ヒトゲノムの 3×10^9 よりも十分に大きく，ランダムな DNA 配列であれば理論的にはゲノム上にはほぼユニークな k-mer しか存在しない。しかし現実にはゲノム上には反復配列などが多数存在し，同一の k-mer が何度も出現することになり，ド・ブラウングラフには分岐が多数存在するこ

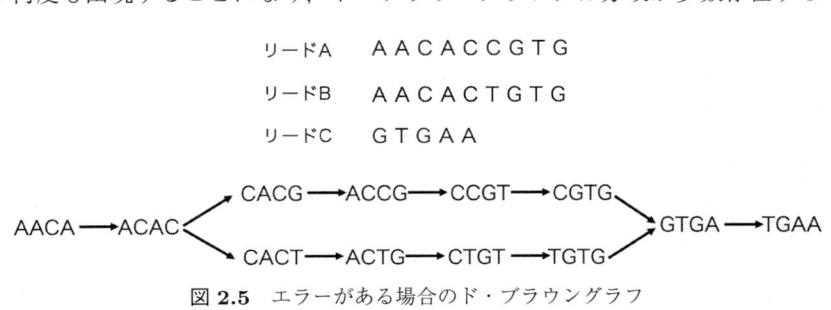

図 **2.5**　エラーがある場合のド・ブラウングラフ

とになる。そのため，出現頻度の低い k-mer はエラー由来だと推定して補正したり，分岐が生じている場合の処理など，実用上のさまざまな工夫がなされている。

2.1.4　ゲノムアセンブリとトランスクリプトームアセンブリの違い

ゲノムアセンブリの最終的な目標は，染色体レベルのコンティグを作成することである。つまりヒトを例に出すと，22 本の常染色体と性染色体のコンティグを作ることができれば，おおよそ完全なヒトゲノムの解読ができたと言えるだろう。例えばヒトの第 1 染色体はおよそ 2.5 億塩基対であるので，合計 2.5 億塩基からなるコンティグをアセンブリすることが目標である。

　一方で，トランスクリプトームアセンブリでは，転写産物の配列（実際にはスプライシング後の mRNA に相補的な cDNA の配列）をアセンブリすることが目標である。したがって，数十本の染色体につなげることが目標のゲノムアセンブリと比べると，トランスクリプトームアセンブリでは数万の転写産物がそもそも原理的に存在し，その数万のより断片化された DNA 配列を復元することが目標という違いがある。また，ヒトの場合はゲノム中のエキソン領域は 2％程度であることから，実際にトランスクリプトームアセンブリして得たいコンティグの長さの合計はゲノムサイズよりずっと小さい。この意味では，トランスクリプトームアセンブリのほうがゲノムアセンブリよりも難易度が低いと言える。

　一方で，mRNA はスプライシングの過程において**選択的スプライシング**（alternative splicing）を経ることで，1 遺伝子座から多様な mRNA を作り出している（**図 2.6**）。これはつまり，1 遺伝子座に対応するグラフ構造から正解の経路が複数生成されていることになり，難しい問題となっている。これは単に複数の mRNA の配列が存在することを意味するのではなく，多くの部分配列を共有する mRNA が複数存在することを意味しており，トランスクリプトームアセンブリ特有のやっかいな問題である。

　ほかにも，RNA-seq はゲノムをシークエンスした場合とは異なり，本質的に

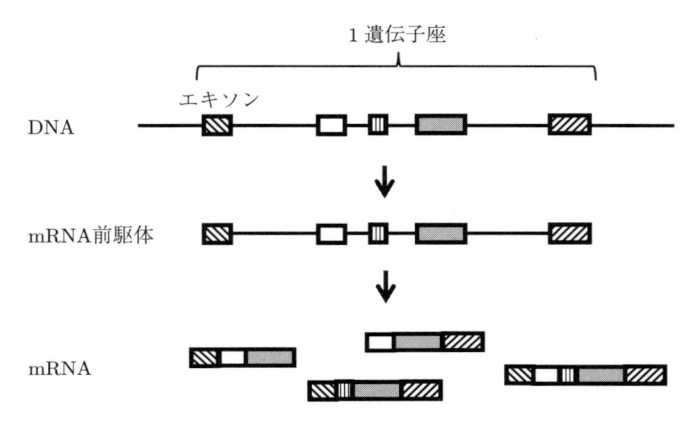

図 **2.6** 選択的スプライシングの概念図

遺伝子の発現量に応じて得られるリードが異なるというリードの偏りが存在する。この偏りはうまく使えばアセンブリする上で有効な情報となりうるが，トランスクリプトームアセンブリ特有の対処が必要な面倒な問題とも言える。

2.2 *de novo* トランスクリプトームアセンブリ

de novo はラテン語で「初めから，新たに」という意味であり，リファレンスゲノム配列の情報を用いずにトランスクリプトームアセンブリを行うという意味が込められている。シークエンシングのコストダウンや実験のノウハウが共有されたことで，いまや RNA-seq は多くの生命科学研究者に身近な技術になり，多様な生物種のデータが収集されている。その対象にはリファレンスゲノム配列が未決定な生物種も多く含まれている。このような多様な生物種のトランスクリプトーム解析を可能する上で，*de novo* トランスクリプトームアセンブリは不可欠である。

ここでは，*de novo* トランスクリプトームアセンブリのためのソフトウェアである Trinity[15),16)] に基づいた紹介を行う。ただし，ほかにも Oases[17)] などいろいろな手法が提案されており，それぞれで異なるアプローチがとられており，以降の説明はあくまでも *de novo* トランスクリプトームアセンブリの戦略

の一例である。各手法での性能比較や実用上のノウハウなどをまとめた論文も
あるので，より詳しくはそれらの論文を参照してほしい[18),19)]。

2.2.1 Trinity

転写産物はゲノム上のさまざまな場所から転写されるため，トランスクリプ
トームアセンブリでは，非連結な多数のグラフを扱う必要がある。理想的には，
それぞれの連結グラフは一つの遺伝子座を表すことになる。さらに，選択的ス
プライシングによって一つの遺伝子座から複数の転写産物が生成されることか
ら，その連結グラフの中で，転写産物ごとの配列を抽出する必要がある。また，
遺伝子重複によって生じるパラローガスな遺伝子は配列が類似しており，一つ
の連結グラフに混在することが想定され，同様に一つの連結グラフから複数の
転写産物配列を見分ける必要がある。

Trinity は RNA-seq データからトランスクリプトームアセンブリを行う手法
としてデザインされており，配列データから非連結のたくさんのグラフを構築
し，各グラフを独立に処理して完全長の転写産物配列を抽出するための手法で
ある。Trinity は大まかに Inchworm，Chrysalis，Butterfly の三つのモジュー
ルで構成される（図 2.7）。簡単には，Inchworm モジュールはリード集合を入
力とし，k-mer グラフにおいて貪欲的にパスを探索し，線形なコンティグを出力
する。つぎに，Chrysalis モジュールはコンティグ集合を入力とし，$(k-1)$-mer

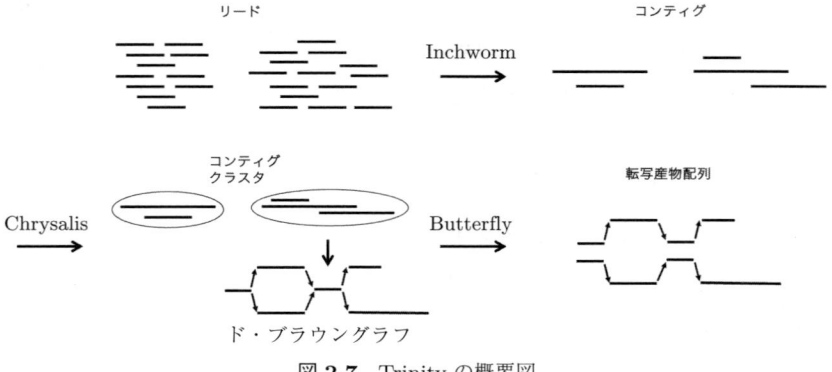

図 2.7 Trinity の概要図

の重なりがあるコンティグどうしをクラスタリングし，各コンティグクラスタで，ド・ブラウングラフを構築する。そして最後に Butterfly モジュールでは，Chrysalis モジュールから出力されたド・ブラウングラフを入力に，それらのグラフの枝刈りと一本道の部分を縮約し，その上でリードやリードペアの情報を加味することで，パス上の塩基配列を転写産物配列として出力する。以降で，各モジュールの詳しい手続きを説明する。

（**1**）**Inchworm**　　Inchworm モジュールは RNA-seq のリードを貪欲（グリーディー）にアセンブリして初期コンティグを作成するもので，以下の6段階のステップからなる。

1. リード集合に存在するすべての k-mer（デフォルトでは $k = 25$）の出現回数をカウントし，k-mer の辞書を作成する。

2. シークエンシングエラー由来の k-mer を除く処理をする。具体的には，$(k-1)$-mer が重複して先頭あるいは末端の塩基だけが異なる k-mer の集合について，その集合で最も頻度が高い k-mer のカウントの5％未満の k-mer はエラー由来で生じると想定して除外する。

3. 出現回数が多い k-mer から順に，コンティグを作るシードとする[†1]。

4. シードとなる k-mer に対し，5' から 3' の方向へ貪欲に伸長し，つぎに 3' から 5' の方向に伸長する。具体的には，現在のコンティグの端と $(k-1)$ 塩基の重なりがある k-mer の中で最も頻度が高いものを選んで1塩基ずつ伸長する。このとき，伸長に使われた k-mer は辞書から除かれる[†2]。

5. 伸長できる k-mer が辞書からなくなったら終了する。伸長終了後，初期コンティグとして配列が出力される。

6. 3から5までのステップを，辞書が空になるまで繰り返す。

このようにして生成される初期コンティグでは，選択的スプライシングやパラローガスな転写産物などを考慮しない単一の表現でしかない。しかしながら，この初期コンティグを足がかりとし，以降のモジュールによる操作を行うこと

[†1] 実際には，パリンドロームや複雑度が低い k-mer などは除外する処理も行われる。
[†2] 同列1位の際は，再帰的に経路をたどり，累積での頻度が最大になる経路を選ぶ。

で，選択的スプライシングなどによって生じる多様な転写産物配列を復元することができる。

（2）Chrysalis　　Chrysalis モジュールは，Inchworm モジュールから出力された初期コンティグ[†1]を入力とし，それらのコンティグを連結したコンティグクラスタ[†2]にまとめ，クラスタごとにド・ブラウングラフを構築する。Chrysalis モジュールは，以下の 3 段階のステップからなる。

1. Inchworm モジュールから出力された初期コンティグを，$(k-1)$-mer の重複などを目印に再帰的にクラスタリングする[†3]。

2. 各クラスタで $(k-1)$-mer を頂点としたド・ブラウングラフを構築する。

3. RNA-seq の各リードを，最も多くの $(k-1)$-mer を共有するクラスタに対し割り当てるとともに，それらのリードが該当するド・ブラウングラフの領域に割り当てる。その上で，ド・ブラウングラフの各辺を割り当てられたリードの数で重み付けする。

（3）Butterfly　　Butterfly モジュールでは Chrysalis で得られた各ド・ブラウングラフに対して，リードやリードペアによってできた経路（パス）を走査し，もっともらしい転写産物を列挙することで，選択的スプライシングやパラローガスな遺伝子由来のそれぞれの転写産物配列を再構築する。Butterfly モジュールは「グラフの簡略化」と「もっともらしい経路の特定」という二つのプロセスで構成されており，それぞれのプロセスは以下のステップからなる。

「グラフの簡略化」では，以下のような処理が行われる。

1. ド・ブラウングラフ上で線形の経路となる頂点を統合し，より長い配列を表す一つの頂点へ変換する。

2. 少数のリードでのみ支持される辺を枝刈りする。

3. 上記 2 ステップを繰り返す。

[†1]　実際には，k-mer 頻度が低いものや短いコンティグなどは事前に除外している。

[†2]　このコンティグクラスタは，選択的スプライシングやパラローガスな遺伝子に由来するコンティグをまとめたものと想定する。

[†3]　ほかにも，コンティグどうしを同じクラスタに所属するかを判断する際に，構成する k-mer の頻度がたがいに大きく異ならないことなどを条件にしている。

続いて，「もっともらしい経路の特定」では，上記で簡略化されたグラフに対し，以下のようにシークエンシングエラーや変異による影響を考慮しつつ線形の経路を走査し，経路に該当する塩基配列を転写産物配列として復元する。

1. あるグラフに割り当てられたリードの集合を，グラフ上で走査するノードのリストとして表現する。
2. 入力となる辺のないノードを経路の始点とする。
3. 経路の端からさらに伸長するかを，リードおよびペアリードのサポートを考慮して決定する。このとき，経路の端の L 塩基が c 本のリードにサポートされている必要がある [†1]。
4. 経路を伸長した際に，同じ頂点で終わる他の経路について，配列が 95 ％以上一致していたら併合する。

以上の三つのモジュールを順番に行うことで，Trinity では RNA-seq のリードのみから転写産物配列を復元している。

2.2.2　アセンブリ後の処理

de novo トランスクリプトームアセンブリによって得られるコンティグはそのまま利用するより，さらに情報を整理し修正するといったキュレーションをすることが多い。例えば，Trinity では Butterfly において類似する配列となる経路は除外してはいるものの，依然として類似するコンティグが存在し，冗長なコンティグが含まれると言われている。そのため，類似するコンティグをクラスタリングして重複を除去することが多く，例えば CD-HIT などの類似配列を検出するツールなどが利用されている [20]。

また，コンティグの妥当性を評価する指標として，タンパク質を本当にコードしていそうかという，コーディング領域としての確からしさを評価してコンティグの妥当性を調べることがある [†2]。そのためのツールとしては IFRAT な

[†1] リードが L 塩基を部分配列として含んでいる，もしくは L 塩基がペアリードで定義される経路上に存在するとき，サポートされているとする。

[†2] 正確にはノンコーディング RNA などの mRNA 転写産物以外の転写産物も存在するため，これが可能なのは mRNA に限られる。

どの手法が利用されている[21]。

2.2.3　評　価　指　標

de novo トランスクリプトームアセンブリの手法はいくつも提案されており，どの手法を使うのがよさそうかを知るためには，何かしらトランスクリプトームアセンブリの結果を評価する必要がある。また，自身の RNA-seq データから転写産物の配列を復元したとして，それがどの程度のクオリティであるかを理解する上でも，何かしら比較可能な客観的な評価指標で，アセンブリの結果を評価しておくことが求められる。

（**1**）**マッピング率**　　アセンブリして復元した転写産物のコンティグに対して，元の RNA-seq のリードをマッピングして評価する指標が用いられている。基本的には，マッピングされたリードの割合であるマッピング率で評価し，マッピング率が高いほど，よいトランスクリプトームアセンブリと判断する。

（**2**）**BUSCO**　　BUSCO (benchmarking universal single-copy orthologs) と呼ばれる手法では，生物種間で広く保存されるシングルコピー遺伝子のリストを作成しており，それを利用して評価をしている[22]。コンティグに対してシングルコピー遺伝子の配列相同性検索†を行い，その保存されているシングルコピー遺伝子のうちどの程度が，アセンブリされたコンティグに含まれているかに基づいて評価をしている。もちろん，理想はすべてのシングルコピー遺伝子がコンティグに含まれていることである（100％がよい）。

2.3　リファレンスベースドアセンブリ

リファレンスゲノムが決まっている生物種に対し転写産物配列を復元する場合，RNA-seq のリードのみからトランスクリプトームアセンブリを行うのではなく，リファレンスゲノムも参照してアセンブリを行うのが一般的である。こ

---

†　相同性検索の方法は次章で説明する。

のようなリファレンスゲノムを利用するトランスクリプトームアセンブリは**リ
ファレンスベースドアセンブリ**（reference-based assembly）と呼ばれている。

　このリファレンスベースドアセンブリは，ヒトのような研究が進んでいる生
物種であっても依然として利用される技術である。例えば，ゲノム中の**転移因
子**（transposable element；TE）の配列内にはプロモーターとなりうる配列が
存在しており，通常は DNA メチル化によって不活性化されているが，がんに
おいてはこれが活性化し TE と下流の遺伝子が融合したようなキメラな転写産
物が生成されることが報告されている[23]。もしこれが膜タンパク質をコードし
ており細胞表面に存在することになれば，がん特異的な抗原となりえて，がん
ワクチンの対象となるという医学的に重要な研究対象となる。このような転写
産物は既知の転写産物配列には含まれていないので，リファレンスベースドア
センブリなどアノテーションにとらわれない方法で検出する必要がある。

　リファレンスベースドアセンブリでは，RNA-seq のリードをリファレンス上
に割り当てる作業であるリードマッピングの結果を利用する。リードマッピン
グに関しては次章で詳しく解説するとして，ここでは新規の転写産物配列を検
出する大枠を説明する（**図 2.8**）。

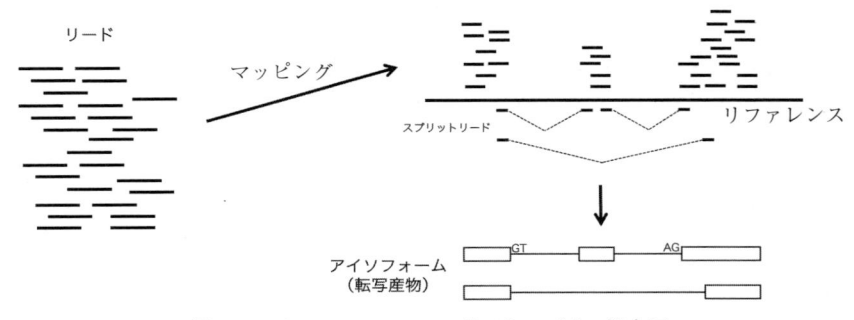

図 2.8　リファレンスベースドアセンブリの概念図

　まず，RNA-seq データにおいては，転写産物が存在する箇所へ多くのリード
がマッピングされるはずである。また，転写産物はスプライシングを経た配列
であるため，スプライシング箇所をまたぐリードはリファレンス上では前後に

分かれてマッピングされるスプリットリードとなる。このようにスプリットされる領域を，ときに分岐しつつも一続きでマッピングされた領域をたどることで，その領域に存在する転写産物配列を再構築することができる。このようにして復元される転写産物配列には，もちろん偽陽性となる配列もあると考えられる。そのため，得られた転写産物配列の妥当性を評価するような処理も行われている。例えば，一般的にスプライシングを受けるエキソンとイントロンの境界においては，イントロンの 5' 側のスプライシング部位では GT（RNA では GU），3' 側のスプライシング部位では AG という塩基配列で終わるという GT-AG 則が存在することが知られている。したがって，スプリットリードの境界で GT-AG 則が満たされていれば，それはスプライシング部位として妥当であり，転写産物としての信頼性も高いと言える。そのほかにも，ペアエンドで RNA-seq を行っている場合にはマッピングされるペアリードの間の長さによっても妥当性を評価できる。このようなリファレンスベースドアセンブリを行う手法としては，本書の 4 章でも紹介する Cufflinks[24] が挙げられる。Cufflinks は既知の遺伝子の発現量の定量はもちろん，未知の転写産物も上述のような方法で検出し，発現量も定量することができる。

　基本的には，リファレンスゲノムが利用できる場合には *de novo* トランスクリプトームアセンブリよりも，リファレンスベースドアセンブリを行ったほうがよいとされる。ただし，リファレンスの情報が完全ではないことによってマッピングできなかったリードや，一意にマッピングされなかったリードの処理などの要因によって，リファレンスベースドアセンブリでは見逃される転写産物が存在する可能性もある。したがって，リファレンスゲノムが利用できる場合であっても，*de novo* トランスクリプトームアセンブリが無意味というわけではなく，リファレンスベースドアセンブリを補完するために活用するのもよいと考えられる。

2.4 コンティグの機能アノテーション

ここまで，トランスクリプトームアセンブリによって転写産物配列を復元する方法を紹介した。このようなトランスクリプトームアセンブリによってコンティグが得られるわけであるが，それがどういった遺伝子に該当するかはこの時点ではわかっていない。そのような場合，まずはコンティグの中でタンパク質へと翻訳する領域であるコーディング領域を予測することが多い。このようなコーディング領域の予測などを行う手法としては，TransDecoder[†1]などが挙げられる。コーディング領域は非翻訳領域と比較して種を超えても保存されていることから，このコーディング領域の配列をデータベースに登録されている既知配列と比較することで，別の種の既知の遺伝子で相同性があると予測されるものを探索する。このような配列比較には，BLAST[25)]と呼ばれるツールが活用されることが多い。その上で，相同と予測される既知遺伝子に対し，何かしら生物学的な機能が知られていれば，そのコンティグの該当する遺伝子もそのような機能を持つと予測することができる。このような枠組みでコンティグの機能づけを行う手法としては，BLAST2GO[26)]などが挙げられる[†2]。

2.5 本章のまとめ

本章では，RNA-seq のリードから，転写産物の配列を復元するトランスクリプトームアセンブリの技術を紹介した。RNA-seq が身近な実験技術となったいま，生物種にとらわれずさまざまなデータが今後も収集されると期待され，そのような多様な生物種でのトランスクリプトーム解析を実現する上で，*de novo* トランスクリプトームアセンブリの重要性は増していくだろう。また本文中で

[†1] https://github.com/TransDecoder/TransDecoder/wiki
[†2] BLAST2GO は遺伝子オントロジーという生物学的な機能を表現する語彙を割り当てるものである。遺伝子オントロジーに関しては本書の 6 章にて解説する。

述べたとおり，研究が進んでいるモデル生物であってもすべての転写産物配列が網羅されているわけではなく，依然として未知の転写産物は存在すると考えられる。さまざまな細胞種や条件でのデータが収集されていく中で，そのような未知の転写産物を見つけることも求められ，状況に合わせたリファレンスベースドアセンブリの活用も重要なトランスクリプトーム解析となるだろう。

ここではトランスクリプトームアセンブリに関わる基礎的な理論と枠組みの説明をしたが，実際にアセンブリを行う上ではさまざまなノウハウがある。そのようなノウハウをまとめた論文もあり[19]，日本語での解説記事[27]や解説ブログも多数存在するので，実際にトランスクリプトームアセンブリを行う際にはそれらを参考にするのがよいだろう。

3 リードマッピング

2章前半では，RNA-seq のリードをアセンブリすることで事前知識なしに転写産物の配列を再構築する方法を紹介した。シークエンスが比較的容易になった現在，多くの生物種で転写産物配列やゲノム配列が決定されてきている。したがって，ゲノム配列の情報が存在する生物種に対しては，2章後半で紹介したようにそのゲノム配列の情報を使って RNA-seq の各リードのゲノム上の由来の位置を推測することができる。このように，既存のゲノム配列を**リファレンス配列**（reference sequence）として，シークエンスされたリードをリファレンス配列に貼り付けていく作業を**リードマッピング**（read mapping）あるいは単に**マッピング**（mapping）と呼ぶ。ヒトやマウスなどの精力的に研究されている生物種に対しては，遺伝子情報に関する知見も十分に蓄積されており，トランスクリプトームアセンブリは行わず，いきなりリードマッピングから始めることのほうが多い。本章では，RNA-seq に限らずシークエンスデータのマッピングに用いられる基本的な手法を紹介したのち，RNA-seq 特有のトピックを紹介する。

3.1 力まかせな文字列探索

リードマッピングというのは，シークエンスされたリード（これを**クエリ配列**（query sequence）と呼ぶ）が，リファレンス配列のどこに該当するかを探す問題，すなわち文字列探索と見なすことができる。文字列探索のアルゴリズムで最も単純なアプローチは，クエリ配列と一致する箇所をリファレンス配列の

左から力まかせに探すという，力まかせ法が挙げられる（**図 3.1**）。リードマッピングでは，クエリ配列と一致するリファレンス上の位置をすべて列挙することが求められるため，リファレンス配列の左端から右端まで探索する必要があり，リファレンス配列の長さのオーダーの計算量が必要となる。例えば，ヒトのリファレンスゲノムは約 30 億塩基対と非常に大きく[†1]，リファレンス配列の長さに依存した演算操作が必要で膨大な時間が必要となる。特に，シークエンスデータは 1 000 万のオーダーの膨大なリードを処理することになるが，1 本 1 本をクエリ配列としていちいち端から端まで比較する力まかせ法は，非常に無駄が多い。このように，リファレンス配列が大きく，また探索すべきクエリ配列が大量にあるリードマッピングの問題設定においては，力まかせ法のようなアプローチは非効率であり，使われることはほとんどない[†2]。

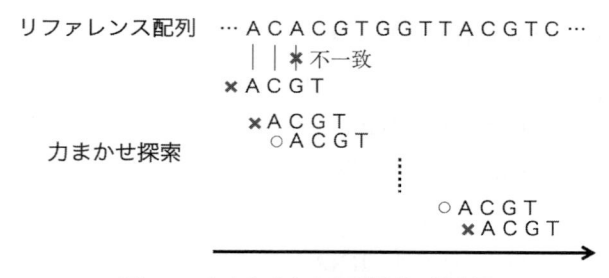

図 **3.1** 力まかせな文字列探索の概念図

3.2 高速なリードマッピング

リードマッピングにおいては，リファレンス配列に対して膨大なリードを何度

[†1] RNA-seq のリード，つまりクエリ配列の長さは一般的には 100 のオーダーの塩基数である。

[†2] 力まかせ法の改良としては，無駄な比較を省いて効率化する KMP 法や BM 法などの手法が提案されている。しかし，いずれにせよリファレンス配列が大きく大量のリードを処理する必要があるリードマッピングにおいては有効なアプローチではない。

も探索することになる。したがって，リファレンス配列を適切なデータ構造にあらかじめ変換しておくことで，マッピングを高速化できる。そのようなデータ構造や変換としては，**接尾辞配列**（suffix array；SA）や **Burrows-Wheeler 変換**（Burrows-Wheeler transform；BWT）[28] などが有名である [†1]。

3.2.1 Burrows-Wheeler 変換

SA や BWT ではまず，リファレンス配列の末端に終了文字\$を付け加える。そして，接尾辞 [†2] を昇順にソートして並べたときのリファレンス配列中の位置を記憶したものが SA である（**図 3.2**）[†3]。SA では辞書順に接尾辞が並んでいるため，s を 0 と，e をリファレンスの配列長で初期化し，その中間の位置 $(s+e)/2$ の接尾辞とクエリ配列を比較し，その接尾辞がクエリ配列より辞書順で前であれば $s = (s+e)/2$ と，逆に辞書順で後であれば $e = (s+e)/2$ に更新をする操作を繰り返すといった二分探索により，3.1 節の力まかせな探索より高速な文字列探索が実現可能である。

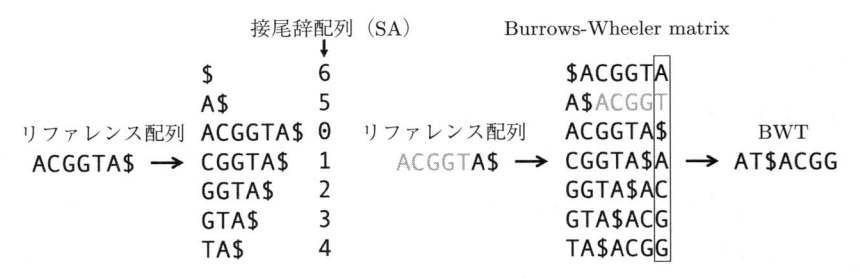

図 **3.2**　SA および BWT の概念図

一方で，BWT ではまず Burrows-Wheeler matrix（BWM）というものを考える。これは基本的には SA において接尾辞をソートする操作と同等のもので

[†1]　これらの技術は，DNA 配列に限らず，自然言語処理などにおいても活用されている。これらのトピックの理論的な詳細を知りたい方は『高速文字列解析の世界』[29] などの書籍を参照してほしい。

[†2]　接尾辞とは，例えば ABCDE という文字列に対し BCDE や DE といった，ある位置から末尾までの部分文字列のことを言う。

[†3]　ただし，\$はアルファベット順で最も上位とする。

あるが，BWM では$以降に，接尾辞より前方の配列が巡回して後ろに付け加えられている（図 3.2）。そして，BWM の右端を縦方向に見た文字列が，BWT によって変換された文字列である（以降はこれを BWT 配列と呼ぶこととする）。

3.2.2 LF mapping

ここでは，BWT を文字列探索に応用する前に，BWT 配列から元の配列を復元する方法を前提知識としてまず解説する。歴史的に言えば，BWT は元々は暗号化やデータ圧縮のために考案され，その後に文字列探索への応用へ発展した経緯がある。BWT 配列は同じ文字が連続して出現する傾向があることからデータを圧縮する上で優れているとともに，BWT 配列から変換前のリファレンス配列を効率よく復元することができるという優れた性質を持つ。

ここでは簡単のため，A と B という 2 文字からなる文字列を考える。また，BWT 配列を L，BWM の先頭に位置するような配列を F と書くとする（**図 3.3**）[†]。ここで BWT の重要な性質に，F と L において，同一アルファベットの登場順が保存されているというものがある。例えば，図 3.3 のように L 中の各アルファベットを登場順に A_1, A_2, A_3, A_4 および B_1, B_2 と便宜的に識別したとき，確かに F の配列の A と B の登場順も保存されているのがわかる。したがって，F の i 番目の文字が A であったとき，F 中で 0 から i 番目の範囲に A が c 個存在したとすると，L 中で c 番目に登場する A が F の i 番目の A に該当するものである。そして，同じ行の F と L の文字は，元の配列のある位置とその一つ前の文字に相当することを踏まえ，以下の手順でたどった F 中の文字から，元の配列を復元することができる（図 3.3）。

1. L 中で$が現れる位置 i を探す。

2. F の i 番目の文字 $F[i]$ と，$F[0]$ から $F[i]$ 中に文字 $F[i]$ が現れる回数 c を計算する。

3. L 中で文字 $F[i]$ が c 番目に登場する位置 j を探す。

[†] なお，F は L 中の各アルファベットをその存在個数分，昇順に並べるだけで容易に再構築することができる。

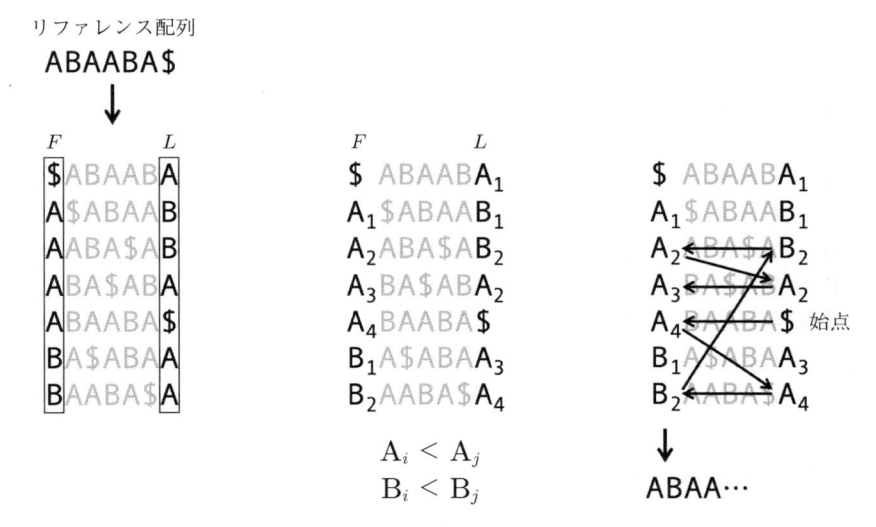

図 **3.3** 配列の復元過程の概念図

4. i を j に更新し，2番目の操作に戻る（$F[i] = \$$ の場合は終了）。

ここまでの説明では，F あるいは L である文字が c 回現れる箇所を探すといった操作が何度も登場した。これは最悪の場合，リファレンス配列の長さの計算量を必要とするので効率が悪い。ここで，L 中で 0 行目から $(i-1)$ 行目の範囲に存在する各文字の個数である rank を，それぞれ $R_\mathrm{A}[i]$，$R_\mathrm{B}[i]$ と事前に計算・記憶しておく（**図 3.4**）。また，リファレンス配列全体（BWT 配列でもよい）に対し，各文字より小さい文字の合計存在数を $C[\mathrm{A}]$ および $C[\mathrm{B}]$ として記憶しておく[†1]。すると，L 中の i 番目の文字 $L[i]$ が F の何番目に該当するかは，$R_{L[i]}[i] + C[L[i]]$ として計算できる[†2]。これは **LF mapping** と呼ばれる技術で，このような計算によって L と F の該当位置を瞬時に計算することができる。

[†1] DNA の場合では，$C[\$] = 0$，$C[\mathrm{A}] = 1$，$C[\mathrm{C}]$ はリファレンス配列中の A の存在数 +1，$C[\mathrm{G}]$ は A と C の存在数 +1，$C[\mathrm{T}]$ は A と C と G の存在数 +1 となる。

[†2] $C[L[i]]$ は $L[i]$ より優先される文字が合計何文字があるかなので，つまり $C[L[i]]$ 番目に初めて F 中に $L[i]$ が出てくる。そして，$R_{L[i]}[i]$ は何番目に登場する $L[i]$ かを記録しているので，その足し算が F 中の該当する位置となる。

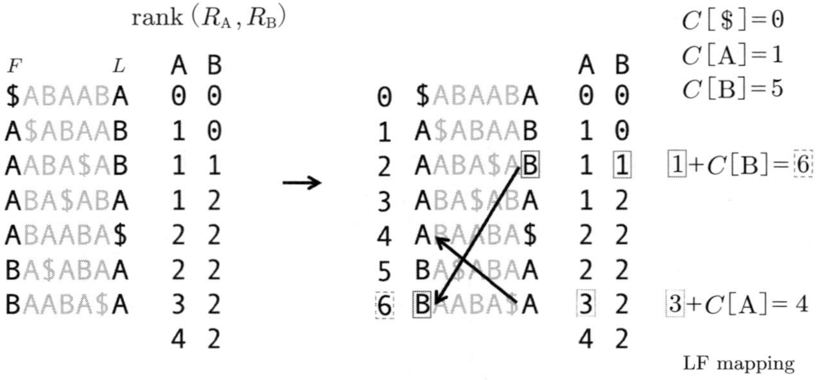

rank (R_A, R_B)
F
L
A B
$ABAABA 0 0
A$ABAAB 1 0
AABA$AB 1 1
ABA$ABA 1 2
ABAABA$ 2 2
BA$ABAA 2 2
BAABA$A 3 2
4 2
0 $ABAABA 0 0
1 A$ABAAB 1 0
2 AABA$AB 1 1
3 ABA$ABA 1 2
4 ABAABA$ 2 2
5 BA$ABAA 2 2
6 BAABA$A 3 2
4 2
C[$]=0
C[A]=1
C[B]=5
1+C[B]=6
3+C[A]=4
LF mapping

図 **3.4**　LF mapping の概念図

3.2.3　FM-index

BWT 配列に対し効率的な文字列探索を可能にするアルゴリズムとして，**FM-index** という手法がある[30)]。FM-index では，始点を $s = 0$，終点を $e =$ (リファレンス配列長) と初期化して，クエリ配列 Q を右側から探索しながらクエリに該当する範囲を狭めていく（図 **3.5**）。図 3.5 のリファレンス配列に対してクエリ配列 $Q =$ ABA を探索する場合，まずはクエリ配列末端の $Q[2] =$ A に関して，以下の式 (3.1) のように始点と終点の位置を更新する。

ABA
リファレンス配列
ABAABA$
クエリ配列
ABA
A B
s=0
$ABAABA 0 0
A$ABAAB 1 0
AABA$AB 1 1
ABA$ABA 1 2
ABAABA$ 2 2
BA$ABAA 2 2
BAABA$A 3 2
e=7
4 2
s=1
e=5
s= R_A[s]+C[A]=0+1=1
e= R_A[e]+C[A]=4+1=5

図 **3.5**　FM-index の概念図

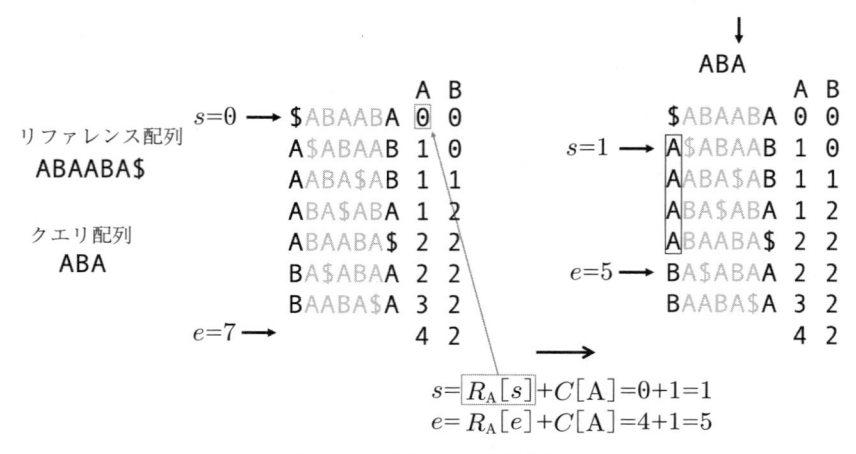

$$s = R_A[s] + C[A],$$

$$e = R_A[e] + C[A] \tag{3.1}$$

ついで，クエリ配列の末端側から，該当する文字列 $Q[i]$ に関して $R_{Q[i]}$ と $C[Q[i]]$ を用いて s と e を更新していくことで，最終的にクエリ配列と一致する接尾辞が現れる範囲を s から $(e-1)$ として求めることができる。そして，この範囲の接尾辞がそれぞれリファレンス配列のどの位置に由来するかは，SA を事前に計算・記憶しておくことで求めることができるので[†1]，クエリ配列がヒットするリファレンス配列中の位置を求めることができる（図 **3.6**）[†2]。

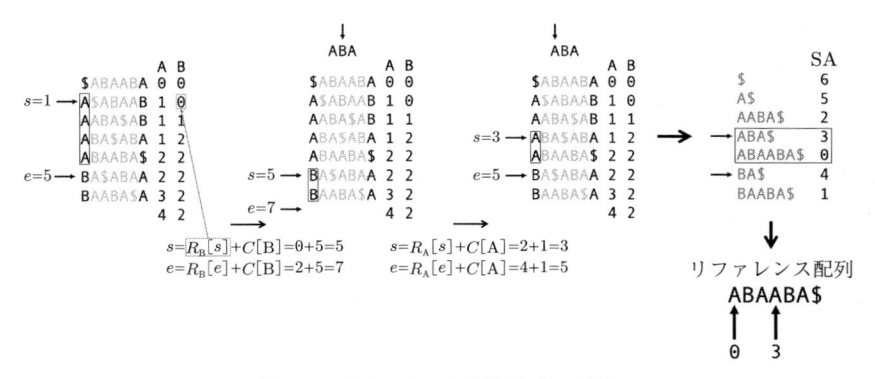

図 **3.6**　FM-index の概念図（つづき）

このように，FM-index はリファレンス配列の大きさに依存せず，クエリ配列の長さのオーダーで計算可能な非常に高速な文字列探索法である。また，FM-index における文字列探索では，BWM の左端と右端の文字列 F と L[†3]，および各文字の出現回数を記憶する R_A や R_B，それと SA を記憶しておくので十分であり，BWM の間の文字列は必要としない。ここで，R_A などの rank に関しては，一定間隔でスパースに記憶しておいて必要に応じてその都度計算する

[†1]　SA は BWT を構築する過程で自ずと生成される。

[†2]　クエリ配列にヒットする配列がない場合は途中で $s \geqq e$ となるので，その段階で探索を止めてよい。

[†3]　F はアルファベットを昇順に出現回数並べただけの文字列なので，正確には F は各アルファベットの出現回数を記憶しておくだけで，実際に記憶している必要はない。

ことで記憶容量を抑えることができることが知られており，必要な容量はさらに抑えられる[†1]。このように，FM-index は高速であるとともに，接尾辞木などのデータ構造と比較して，大きなリファレンス配列に対しても必要とするメモリのサイズなどを抑えることができる利点もある。

3.2.4 リードアライメント

ここまで，リファレンス配列とクエリ配列が「完全一致」する箇所を探索する方法を紹介してきた。しかし実際には，シークエンスエラーやリファレンスと対象サンプルのゲノムの差などの要因により，完全一致することが望めないことが多々ある。そのような場合，エラーを考慮してクエリ配列をいろいろ変更するなどの工夫をしながら FM-index で探索するアプローチが考えられる[†2]。しかし，ありとあらゆるエラーを考慮すると場合分けで組合せ爆発してしまいあまり実用的ではない。したがって，ある程度のヒューリスティクスを使いながら，「妥当」な探索を行うことになる。

Bowtie2[32] などの多くのソフトウェアではまず，クエリ配列の中の短い部分配列を「シード」として FM-index で完全一致検索を行い，それでヒットしたリファレンス配列の箇所をマッピング先の候補としている[†3]。その上で，それらの候補周辺でクエリ配列とリファレンス配列の類似性を比較し，その場所がクエリ配列の由来と判断するのが妥当かを検証する。

配列類似性を定量する最も単純な手法としては，マッピング先のリファレンス配列とクエリ配列の**ハミング距離**（Hamming distance）を計算する手法が考えられる（**図 3.7**(a)）。ハミング距離が大きければ，シードの部分が偶然一致しただけだと考えられ，逆にハミング距離が小さければ，シードのみでなく

[†1] ただし，必要な演算はその分やや増え，必要な時間もやや大きくなる。

[†2] 例えば，Bowtie と呼ばれるソフトウェアの初期のバージョンでは，ミスマッチを許容しながら FM-index でマッピングするアプローチが採用されていた[31]。しかし，つぎのバージョン（Bowtie2）からは以降で紹介するアライメントを利用するアプローチに戦略を変更している。

[†3] もちろん，この短い部分配列にエラーなどが入っていれば，うまく探索できないことになる。

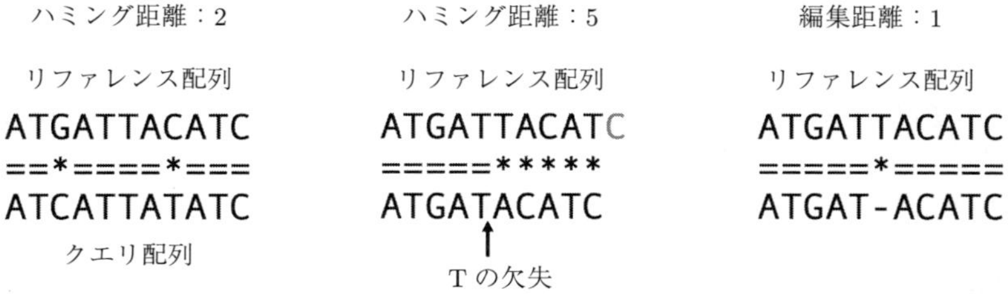

ハミング距離：2	ハミング距離：5	編集距離：1
リファレンス配列	リファレンス配列	リファレンス配列
ATGATTACATC	ATGATTACATC	ATGATTACATC
==*=====*===	=====*****	=====*=====
ATCATTATATC	ATGATACATC	ATGAT-ACATC
クエリ配列	↑	
	T の欠失	
(a) ミスマッチが存在する 場合のハミング距離	(b) 欠失が存在する場合の ハミング距離	(c) 欠失が存在する場合の 編集距離

図 **3.7** ハミング距離と編集距離の概念図

クエリ配列全体としてそのマッピング場所は妥当であると考えることができる。ハミング距離は計算が容易な利点があるものの，シークエンスリードを扱う上では問題がある。シークエンスリードでは，1塩基が読み間違えられることによるミスマッチのほか，いくつかの塩基が欠失したり挿入されるようなエラーが存在することが知られている。このようなエラーが入ると，リファレンス配列とクエリ配列のフレームがずれてしまい，ハミング距離では類似性をうまく評価することができない（図 3.7(b)）。このようなエラーに対処すべく，配列の類似性を計算する上では，**編集距離**（edit distance）または**レーベンシュタイン距離**（Levenshtein distance）と呼ばれる距離，あるいはそれと似た概念の距離が使われることが多い。編集距離では，塩基の置換のほかに挿入や削除も許容して二つの配列を一致させるのに必要な最小操作回数を距離として定義している（図 3.7(c)）。

このような編集距離をさらに一般化し，類似性を計算しつつ，二つの配列をどのように「位置合わせ」するのが妥当かを計算するのが**アライメント**（alignment）である。ここではリードアライメントに用いられる，ローカルアライメントを行う **Smith-Waterman** アルゴリズム（Smith-Waterman algorithm）を紹介する[33]。Smith-Waterman アルゴリズムでは，二つの配列 x と y に対し，以下の式 (3.2) の漸化式を**動的計画法**（dynamic programming）によって計算する[†]。

[†] ただし，$F(i,0) = 0$ および $F(0,j) = 0$ と初期化をしておく。

$$F(i,j) = \max \begin{cases} 0 \\ F(i-1, j-1) + s(x_i, y_j) \\ F(i-1, j) - d \\ F(i, j-1) - d \end{cases} \tag{3.2}$$

これは，ギャップが入るときは d のペナルティが入り [†1]，x_i と y_j を対応させるときは $s(x_i, y_j)$ のスコアを与えるものである [†2]。また，どこを起点としてもよいためつねに 0 と比較しており，スコア $F(i,j)$ が負になることはない。最終的に得られた $F(i,j)$ の中の最大値がアライメントスコアであり，その最大値に対応する 2 本の配列の位置合わせの結果がローカルアライメントした結果となる。このようなアルゴリズムでリファレンス配列のある領域とクエリ配列をローカルアライメントし，アライメントスコアが十分に高ければそのリードはその位置に由来すると考えることができ，さまざまなエラーを含んだリードに対してもマッピングができる。

3.3　スプリットリードのマッピング

ここまでは，RNA-seq に限らずシークエンスデータ全般におけるリードマッピングの手法を紹介した。ここからは，RNA-seq に特有の現象とそれに対する手法を紹介する。真核生物では，スプライシングによって mRNA 前駆体からイントロンが除去されることで mRNA ができる。そのため，図 **3.8** のようにスプライス部位をまたぐ領域に由来するリードをゲノムにマッピングしようとすると，リードの前側と後側で由来するエキソンが離れており，これまでの手法

[†1] 今回の漸化式ではギャップ一つにつき d のペナルティを考えたが，ギャップは連続して生じやすく，それゆえ連続したギャップに対するペナルティを緩くしたい場合がある。そのような場合でも，少しの工夫で効率的にアライメントが可能である [34]。このような連続したギャップとその効率的なアルゴリズムを指すときには，**Smith-Waterman-Gotoh アルゴリズム**（Smith-Waterman-Gotoh algorithm）と呼ぶこともある。

[†2] このスコアは $x_i = y_j$，つまり塩基が一致していれば正のスコアを，逆に不一致であれば負のスコアとなるように設計されている。

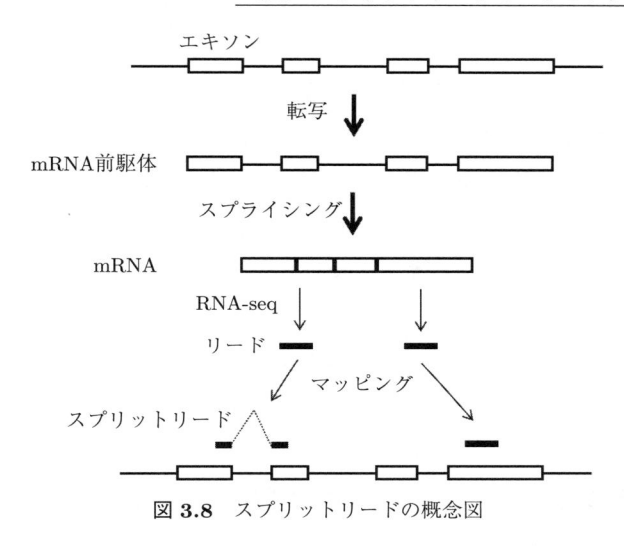

図 **3.8** スプリットリードの概念図

ではうまくマッピングすることができない[†1]。このように，ゲノム上の由来が離散的になっているリードは**スプリットリード**（split-read）などと呼ばれる。これまでに，このようなスプリットリードを考慮してマッピングするさまざまなアプローチが提案されている[†2]。以降は，その中でも基本的なアプローチをいくつか紹介する。

3.3.1 cDNA 配列へのマッピング

ヒトやマウスなどのモデル生物をはじめ，遺伝子情報が十分に研究・整備が進んでいる生物種においては，mRNA に相当する cDNA 配列を利用することができる。そのような場合，ゲノム配列をリファレンス配列としてマッピングする代わりに，cDNA 配列をリファレンス配列とすることが可能である。cDNA 配列をリファレンス配列に指定すれば，そもそもリファレンス配列もスプライ

[†1] 読者の中には，アライメントにおけるギャップとして対応できるのではないかと思うかもしれないが，イントロンのサイズは大きいため，アライメントのギャップでこの隙間を埋めるアプローチは基本的にはうまくいかない。

[†2] スプライシングによるスプリットリードを考慮してマッピングできるアライメントツールを "splice-aware aligner" と呼ぶこともある。

シング後の配列であるため，スプライス部位をまたいだリードであってもスプリットすることなくマッピング可能であり，これまで説明した枠組みをそのまま利用することが可能である。単純ながら明確で有効なアプローチではあるが，一方で未知の転写産物やスプライシングパターンを見逃してしまう。また，研究の目的によっては，イントロン領域にマッピングされる mRNA 前駆体由来の配列を調べたい場合などもあり，マッピングの結果を用いた下流の解析は多岐にわたる。このような場合，cDNA 配列へのマッピングでは情報が失われており，結局はゲノムにマッピングする必要があるなど二度手間となる可能性がある。

3.3.2 擬似的にスプライシングした合成配列へのマッピング

リファレンス配列としてゲノムを用いる場合，基本的にはまず通常のマッピングを行う。すると，スプライス部位をまたがないリードに関しては，通常の高速マッピングの枠組みで問題なくマッピングすることができる。したがって実際問題としては，マッピングされずに残ったリード（unmapped read）だけをスプリットリード候補として再マッピングすることになる。本項では，以降で扱うリードはすべてそのようにマッピングされずに残ったリードとする。

遺伝子情報およびエキソンの構造がわかっている場合，同一遺伝子内で近傍するエキソンを結合した合成配列を作成することで，擬似的にスプライシングされたリファレンス配列を作り出すことができる。近傍に存在するエキソンのすべての組合せに対し，このような局所的な合成配列を構築し，それらの配列に対してリードをマッピングすることで，スプライシングを考慮したマッピングが可能となる。そしてそれらの合成配列のうち，多くのリードがマッピングされたものが実際に存在したスプライシングのパターンに対応するものだと予測でき，マッピングされたとおりにリードを分割することでスプリットリードのマッピングができる。ただし，このようなアプローチでは既知のエキソン構造に対するスプライシングパターンのみが考慮され，遺伝子情報に登録されていないスプライス部位に関するスプリットリードを検出することはできない。

それに対し，TopHat と呼ばれるツールでは新規のスプライス部位も検出し[†1]，そのような部位に対してもスプライシングが起きる可能性を考慮している[35]。その上で，先ほど説明したアプローチと同様に，それらの部位で擬似的にスプライシングが起きた場合の合成配列にリードをマッピングし，十分な数のリードがマッピングされるなどの基準をクリアしたものを実際に存在するスプライシングおよびそれに対応するスプリットリードとして推定している。

3.3.3 スプリットマッピング

ここまでは，スプライシングされた後の配列を用意し，それにマッピングすることでスプリットリードに対処するアプローチを紹介した。本項では，リードをスプリットしてマッピングすることでスプリットリードに対してもうまく処理できる手法を，TopHat2 というツールで採用されているアプローチを基に解説する[36][†2]。

これまでと同様に，通常のマッピングではマップされなかったリードに限定して話を進める。まず，リードを**図 3.9** のように三つのセグメントに分割し，セグメントごとにそれぞれ独立にゲノムへマッピングする。仮に中央のセグメントがスプライス部位をまたいでいる場合，左右のセグメントはそれぞれ離れた位置にマッピングされることになる[†3]。このような場合，マッピングされなかった中央のセグメントを，マッピングされた左右のセグメントの右端と左端の

[†1] スプライシングされ取り除かれるイントロンでは，基本的に 5' 側の配列が GT，3' 側の配列が AG であるという GT-AG 則が知られている。したがって，そのような配列の情報を基にしてスプライス部位の候補を列挙することができる。

[†2] 前項で紹介した TopHat は，スプリットマッピングなどへ戦略を変えた TopHat2 となり，その後に TopHat を改良した HISAT というツールと合流し，現状は HISAT2 となっている。したがって，基本的にはこれらのツールの中では HISAT2[37] を使用すべきである。余談であるが，TopHat の共著者の一人の Pachter は TopHat を使わず後継ツールを使うように警鐘を鳴らしているが，依然として旧来の TopHat が使われているケースが存在する。

[†3] スプライシングを想定する場合は，左右のセグメントが別の染色体や遠すぎる位置にマッピングされた場合は無視し，ある程度近傍にマッピングされた場合だけを扱う。また，左右のセグメントがマッピングされた位置の幅が，中央のセグメントの長さより短い場合はおかしいので，そのようなものも無視する。

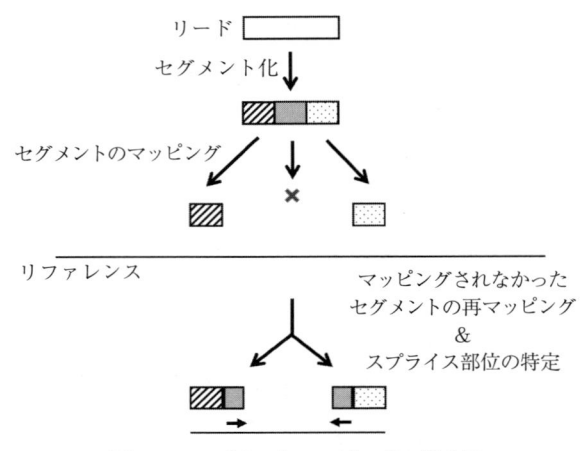

リード

セグメント化

セグメントのマッピング

リファレンス

マッピングされなかった
セグメントの再マッピング
&
スプライス部位の特定

図 3.9 スプリットマッピングの概念図

延長線上に限定してマッピングできないかを調べる。このとき，分割を考慮すべき位置は中央のセグメントの長さしかないため，セグメントを分割してマッピングするのに計算時間上の問題はあまりない[†1]。このようなアプローチにより，スプリットリードをゲノムにマッピングするとともに，スプライス部位を特定できる。その上で，特定されたスプライス部位を基に，スプライシング後の局所的な配列を合成し，ここまででまったくマッピングされなかったリードなどをいま一度マッピングすることで，より網羅的にスプリットリードをマッピングすることができる[†2]。

3.3.4 融合遺伝子の検出

ここまでは，スプライシングによって生じるスプリットリードのマッピングのアプローチを紹介した。以降の項では，通常のスプライシングではなく他の要因によって生じるスプリットリードに関して，その生物学的意義などを含め紹介する。

[†1]　ただし，アライメントではスプライス部位など端のほうで結果が不安定になりがちというように，アライメント自体の難しさの問題はある。

[†2]　実際には TopHat2 はさらに多くの工夫と手順を含んでいるので，詳細を知りたい方は原著論文[36]を参照してほしい。

　がん細胞などにおける遺伝子異常の一つに，二つの異なる遺伝子が融合して生じる**融合遺伝子**（fusion gene）というものがある（**図 3.10**(a)）。このような融合遺伝子は，染色体の転座や逆位などが起きたときに，遺伝子のコード領域が含まれていることで生じる（図 3.10(b)）。このように偶発的に生じた融合遺伝子は基本的には機能を持たないものが多いと予想されるが，中にはがん化の要因となるようなものが存在することが知られている。実際に，高頻度に検出される融合遺伝子も報告されており，そのような融合遺伝子はがん化を促進していると考えられる[38]。さらに，そのような融合遺伝子はがん細胞にしか存在しないため，分子標的治療のターゲットとしても有効であると期待される。実際に，融合遺伝子を標的とした治療において，その有効性が報告されている[39]。このように，融合遺伝子の実態を明らかにすることは，がん研究をはじめ医学的に重要なトピックである。

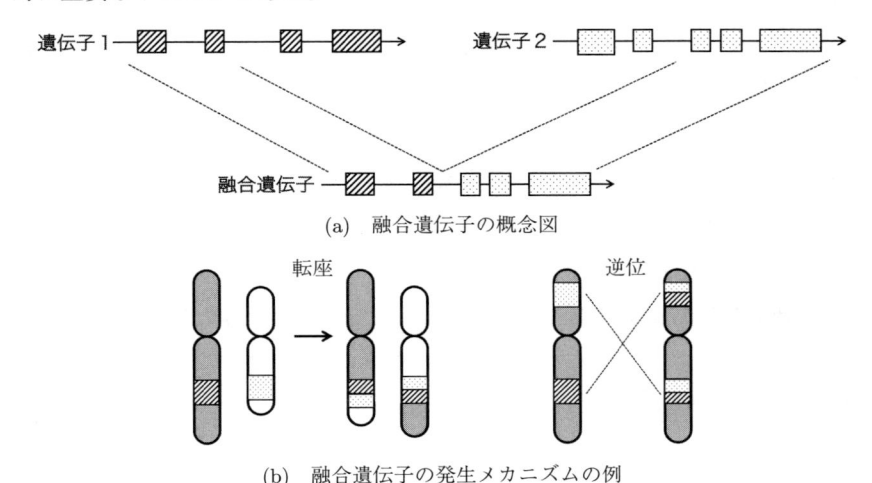

(a)　融合遺伝子の概念図

(b)　融合遺伝子の発生メカニズムの例

図 3.10　融合遺伝子とその発生メカニズムの概念図

　このような融合遺伝子を RNA-seq から同定する上で重要になるのが，スプリットマッピングである。もし，あるリードの前側が遺伝子1に，後側が遺伝子2にスプリットしてマッピングされるのであれば，それらの遺伝子が融合している可能性がある。融合遺伝子の検出に特化したツールとしては，スプリット

マッピングを行う TopHat を基にした，TopHat-Fusion などが挙げられる[40]。基本的な戦略は通常のスプライシングに起因するスプリットリードのマッピングと同様である。TopHat-Fusion では，スプリットマッピングで紹介したアプローチと同様に，リードを三つのセグメントに分割し，それぞれマッピングすることになる[†1]。ただし，今回のケースでは，左右のセグメントが異なる遺伝子にマッピングされるものを探すのが，通常のスプリットマッピングとは異なっている。その上で，中央のセグメントを，左右のマッピングされたセグメントの端を起点にマッピングし，リード全体のマッピング結果として妥当か，融合箇所はどこかを探索する。

　また，ペアエンド RNA-seq のデータであれば，2本の対応するリードのうち一方が遺伝子1，もう一方が遺伝子2にマッピングされたら，遺伝子1と2が融合している可能性が示唆される。実際には，スプリットリードの結果も含め多数のリードでその遺伝子が融合されていることが支持されているものを，融合遺伝子候補としてリストアップすることになる[†2]。

3.3.5　バックスプライシングの検出

　mRNA を含め，ほとんどの RNA は直鎖状の構造をしている（図 3.11(a)）。しかし，中には1本の RNA において 5' 末端と 3' 末端がつながり，環状の構造をとる**環状 RNA**（cyclic RNA）も存在することがわかってきた[41]（図 3.11(b)）。
　図 3.11 では，バックスプライシングでイントロンとエキソンを含む環状 RNA が生成される過程を示しているが，ここからさらに（カノニカル）スプライシングによってイントロンが除去される場合もある。あるいは，別のメカニズムによってスプライシングされて除去されたイントロンが環状 RNA として生成

[†1]　正確には，TopHat2 は 2013 年に論文発表されたの対し，TopHat-Fusion は 2011 年に論文発表されているので，融合遺伝子用に開発したアルゴリズムを通常のスプライシングによるスプリットマッピングにも応用したとも言えるかもしれない。

[†2]　もちろん，それらの候補の中には偽陽性も含まれている可能性もあるため，融合遺伝子の有無を明確にするには，それらの候補を標的として確実性の高い実験を行い別途確かめる必要がある。

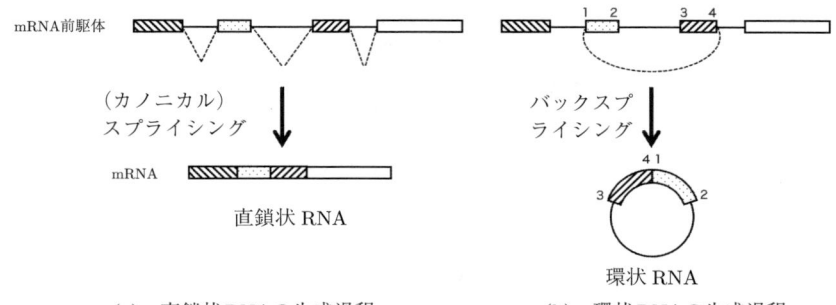

図 **3.11**　バックスプライシングと環状 RNA の概念図

される経路も存在する。スプライシングで除去されたイントロンから生成され
た環状 RNA などは特に，単に mRNA を生成する過程で生じた残留物と考え
ることもでき，すべての環状 RNA が機能的な意義を持つとは考えづらい。し
かし，ある種の環状 RNA には miRNA がよく結合し，それがデコイとして機
能することで[†1]，本来はその miRNA により翻訳が抑制されていた遺伝子が環
状 RNA の存在下では発現できるという例が報告されている[42]。ほかにも，免
疫応答に関する制御にも環状 RNA が一役買っているという報告もある[43]。こ
のように，いくつかの環状 RNA に関してその機能が報告されてきてはいるも
のの，依然として機能が判明していない環状 RNA がほとんどであるのが実情
である。そもそも，まだ検出されていない環状 RNA も多数存在すると予想さ
れる。したがって，新規の環状 RNA を検出したり，どのような組織でどのよ
うな環状 RNA が発現しているかなどを調べるためにも，RNA-seq から環状
RNA 由来のリードを検出することが求められる[†2]。

　環状 RNA を検出するには，バックスプライシングに該当するスプリットリー
ドを検出することが求められる（図 **3.12**）。基本的には，通常のスプライシング

[†1]　このように miRNA のデコイとして機能することから，miRNA スポンジと呼ばれる。
[†2]　ただし，環状 RNA にはポリ A 鎖は付いていないため，オリゴ dT プライマーなどで
　　　行う RNA-seq では検出できない。むしろ，ポリ A 鎖を持つ RNA を積極的に取り除
　　　いて RNA-seq したほうが，環状 RNA を調べるのには適しているとも考えられる。し
　　　たがって，公共データなどを使って環状 RNA の解析をしたい場合には，どのような
　　　データを使うべきか，事前によく考えることが重要である。

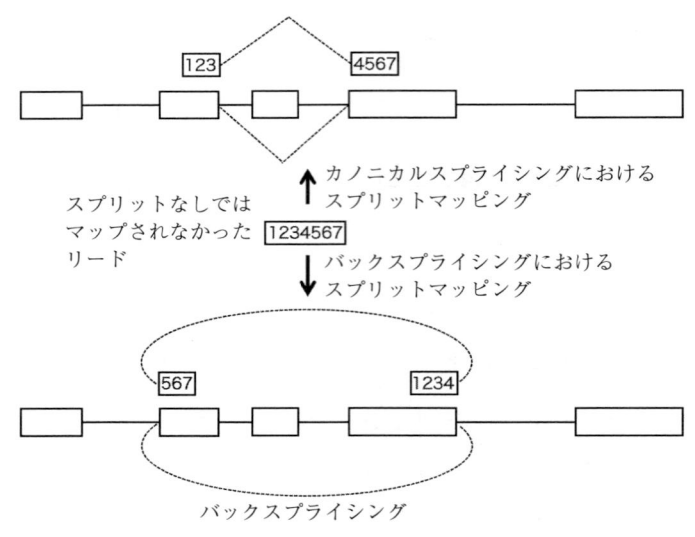

図 3.12　バックスプライシングにおけるスプリットリードの
マッピングの概念図

により生じるエキソンをまたぐスプリットリードや融合遺伝子の検出用のマッ
ピングアルゴリズムと同じ枠組みを用いることができる[44]†。ただし，リード
が転写産物と同じ向きと仮定したとき，バックスプライシングに起因するスプ
リットリードの場合は，リードの前方は転写産物の後方（3' 側）にマッピング
され，リードの後方が転写産物の前方（5' 側）にマッピングされることになる。
また，遺伝子構造（エキソンの位置など）の情報を使う場合には，通常のスプ
ライシングとは逆の端でスプリットされていることにも注意が必要である。逆
に言えば，このような違いから，通常のスプライシングに起因するスプリット
リードと，バックスプライシングに起因するスプリットリードを識別すること
ができる。

---

†　実際に，文献 44) に挙げた論文で提案されている手法（CIRCexplorer）では，融合遺
　　伝子検出用のマッピングツールである TopHat-Fusion[40] を使用している。

3.4　本章のまとめ

　本章ではまず，シークエンスデータを高速にマッピングするための BWT や FM-index，そしてアライメントに関する基本的な理論を紹介した。これらは，トランスクリプトーム解析に限定されず，シークエンスデータ解析全般を支える非常に重要な技術である。バイオインフォマティクスにおけるこれらの技術の理論や応用，すなわち配列情報解析に関しては，本シリーズの『ゲノム配列情報解析』を参照してほしい。また，本書では BWT を実際にどのように構築するかや，ウェーブレット木などの関連する技術，必要とする記憶容量を削減するためのテクニックなど，省略した内容も多数ある。これらのトピックをより詳しく学びたい場合は，『高速文字列解析の世界』[29] などの書籍を参照してほしい。

　また，本章では RNA-seq のリード特有のスプリットリードの存在と，それに対応するためのアプローチをいくつか紹介した。その上で，これらのアプローチは通常のスプライシングの検出のみでなく，融合遺伝子や環状 RNA の検出にも活用できることを解説した。RNA-seq には，まだまだ多くの生物学的な知識が眠っていると考えられる。そのようなデータから，本質的な知識を抽出できるかは，バイオインフォマティクス研究にかかっていると言っても過言ではない。本章で紹介したように，多様な生命現象を解析する場合でも解析技術では共通するものも多いので，ここで学んだ知識をさまざまな解析へつなげてもらえれば僥倖である。

4 発現量の定量

　RNA-seq では，シークエンサーを通して得られる DNA 断片の塩基配列（リード）という形で，mRNA 転写産物の配列情報が出力される†。ここで，ある組織サンプルにおいて，ある遺伝子が活発に転写されていたとすると，その遺伝子に由来する mRNA 転写産物がサンプル中に多く存在することになる。したがって，そのようなサンプルに対して RNA-seq を行うと，その遺伝子由来のリードがたくさん出力されることになる。このように，各々の遺伝子に由来する mRNA 転写産物がサンプル中に存在する量に比例して RNA-seq のリードが生成されることから，各リードがどの遺伝子に由来するかを判断できれば，その「量」の情報を用いることでそのサンプルにおける各遺伝子の発現量を定量することができる（**図 4.1**）。本章では，前章で説明したマッピングを前提として発現量を定量化するアライメントベースな手法と，リードのマッピングを必要としないアライメントフリーな定量化手法の説明をする。

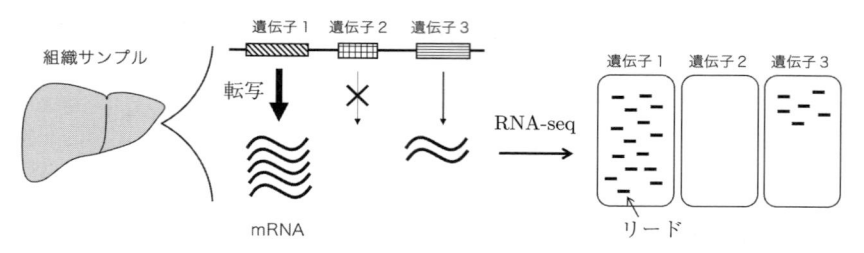

図 **4.1**　発現量と RNA-seq のリード数の関係の概念図

---

†　正確にはノンコーディング RNA などの mRNA 転写産物以外の転写産物も存在するが，ここでは mRNA を解析する前提で議論する。

4.1　アライメントベースな発現量定量化

　まず，前章で紹介した各種マッピング手法によりリードをマッピングし，その結果を入力として受け取り，発現量を定量するアプローチを説明する。はじめに，RNA-seq が研究・開発された初期に提案された最もシンプルな手法である「リードカウントに基づく手法」を説明する。ついで，正確性などを向上すべく確率モデルへと拡張した「リードの生成モデルに基づく手法」を紹介する。

4.1.1　リードカウントに基づく手法

　RNA-seq データから発現量を定量化する最もシンプルな手法としては，遺伝子上にマッピングされたリードをカウントするというアプローチが挙げられる。つまり，各遺伝子にマッピングされたリードの総数（マップリード数）が，その遺伝子の発現量を表すと考える手法である（図 **4.2**）。ただし，遺伝子の配列長（エキソン全体の長さ）が大きい遺伝子へは，より多くのリードがマッピングされる可能性が高いため，配列長の効果を補正する必要がある。それに加え，RNA-seq では実験ごとに出力される全体のリード数も異なるため，実験間で発現量を比較することも考慮して総リード数の効果に関して正規化する必要がある。そこで，式 (4.1) のようにマップリード数を正規化した，「マッピングされた 100 万リード当りのエキソン 1 000 塩基当りのリード数」である，**RPKM**

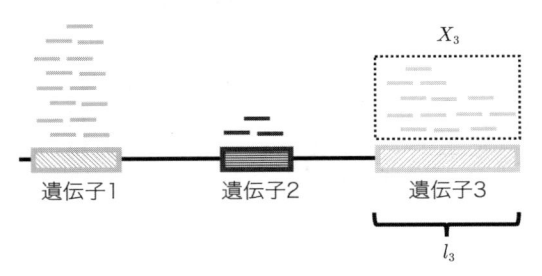

図 **4.2**　リードカウントに基づく発現定量法の概念図

（reads per kilobase of exon per million mapped reads）と呼ばれる指標を発現量と定義している。

$$\mathrm{RPKM}_g = X_g \times \frac{1\,000\,000}{N} \times \frac{1\,000}{l_g} \tag{4.1}$$

ただし，X_g は遺伝子 g のマップリード数で，N はデータ全体のマップリード数，l_g は遺伝子 g の配列長である。

　RPKM は非常にシンプルで直観的にもわかりやすい指標であるが，このアプローチには大きな問題があることが知られている。その問題とは，RNA-seq のリードは必ずしもある遺伝子に一意にマッピングされるとは限らず，リードの由来の候補が複数存在するような状況が多々あるというものである（図 **4.3**）。例えば，一つの遺伝子領域から転写される mRNA 転写産物は 1 種類ではなく，同一遺伝子領域中には複数の**アイソフォーム**（isoform）が存在し，これらの転写産物は共通のエキソンなど同じ配列を共有している（図 4.3(b)）。したがって，それぞれのアイソフォームの発現量を推定する目的において，あるリードがどのアイソフォームに由来するかをマッピングによって判別することはできないことが多い。その結果，リードカウントに基づく手法ではアイソフォームレベルの発現量推定は諦め，遺伝子レベルの発現量定量のみを行うことがほとんどである。

　また，霊長類には Alu 配列という反復配列がゲノムの至るところに存在し

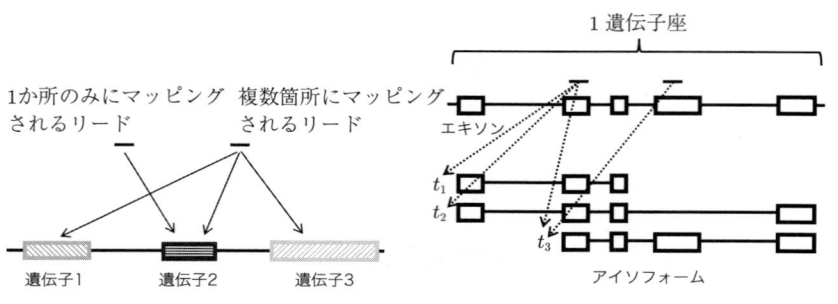

(a)　複数遺伝子にマッピングされるリード

(b)　同一遺伝子領域内の複数アイソフォームにマッピングされるリード

図 4.3　一意にマップされないリードの概念図

ており，ヒトゲノムにおいては約 10 ％がこの Alu 配列に相当すると言われている。Alu はレトロトランスポゾンの中の SINE（short interspersed nuclear element）の一種であり，これらは自身が RNA に転写された後，逆転写酵素によって DNA に逆転写されるというコピー＆ペーストの要領でゲノムの至るところに転移している。このような Alu 配列がエキソンやイントロンに挿入されることで多様なスプライシングパターンが可能になり，これが霊長類の特異性に寄与している仮説も提案されるなど，進化的にも機能的にも興味深い研究対象である。しかしながら，Alu 配列はコピー＆ペーストの要領で増えてきたため，基本的にはその配列は似ており，したがってそれらの領域由来のリードを明確に一意にマッピングできず解析が困難な状況が多々ある。このような要因により一意にマッピングされないリードは数多く存在するのだが，リードカウントに基づく手法では，複数箇所にマッピングされたリードは捨て，一意にマッピングされるものだけを使って発現量を定量するという操作がよく用いられる。当然ながら，このような処理では情報が捨てられており，結果として推定発現量は歪んだものになることが報告されている[45]。

　このようなリードの取り扱い方としては，単に捨てるのではなく，等分配した上で RPKM を計算するなどの操作も検討されている[46]。これらのリードの情報をより正確に取り扱うためにも，確率モデルなどに基づいて考える必要がある。その例として，次項では混合モデルに基づくアプローチを紹介する。

4.1.2　リードの生成モデルに基づく手法

　複数の転写産物にマッピングされるリード（マルチマップリード）も取り扱うことができるアプローチとして，RNA-seq のリードの生成過程を混合モデルでモデル化し，その最適化によって発現量を定量するという，生成モデルに基づく手法が提案されている。このようなアプローチに基づき開発されたソフトウェアとしては，Cufflinks[24] や RSEM[47] などが存在する。ここでは，Cufflinks のモデルを簡略化した上で，リードの生成モデルに基づく手法を簡単に紹介する。

　Cufflinks ではペアエンドのリードなどを扱うことも想定し，元は一つの cDNA

断片に由来するマップリードのセット [†1] をフラグメントと呼んでいる。ここでは簡単のため，ある一つの遺伝子領域 g にマッピングされたフラグメントが，その遺伝子内の全アイソフォームの集合 T_g の中のいずれかから生成されるモデルを考え，各アイソフォームの存在比を推定する。

あるフラグメント f が出力される確率は，式 (4.2) のようにモデル化される。

$$P(f) = \sum_{t \in T_g} P(t)P(f|t) \tag{4.2}$$

ここで，$P(t)$ はアイソフォーム t が選ばれる確率であり，アイソフォームの存在比を τ_t，アイソフォームの配列長を l_t とする [†2] と，式 (4.3) のようにモデル化できる。

$$P(t) = \gamma_t = \frac{\tau_t l_t}{\sum_{t' \in T_g} \tau_{t'} l_{t'}} \tag{4.3}$$

また，$P(f|t)$ はアイソフォーム t から，マッピングされた位置でフラグメントが出力される確率で，式 (4.4) のようにモデル化される [†3]。

$$P(f|t) = \frac{F(I_{ft})}{l_t - I_{ft} + 1} \tag{4.4}$$

ここで，I_{ft} はアイソフォーム t にペアリードがマッピングされたときのギャップ込みの長さであり，$F(I_{ft})$ は，任意のフラグメントがその長さとなる確率を表す。ペアエンドの RNA-seq では，インサートの長さをある程度制御することができ，その分布から大きく外れるような I_{ft} となるアイソフォームから出力される確率は小さいと言うことができる（**図 4.4**）。

このように設計されたモデルのもと，遺伝子領域 g にマッピングされたフラグメントの集合 F_g が生成される確率（尤度）である式 (4.5) を最大化するパラメータを求めることで，各アイソフォームの存在比（$\hat{\gamma}_t$）が推定できる。ハッ

[†1] ペアエンドの場合は二つのリードが存在するはずだが，片方だけがマッピングされた場合は一つのリードである。

[†2] 正確には，塩基組成によるプライマーの結合しやすさによる PCR バイアスなどを補正した配列長だが，複雑になるためここでは省略する。

[†3] マッピングされていないアイソフォームに対しては，$P(f|t) = 0$ とする。

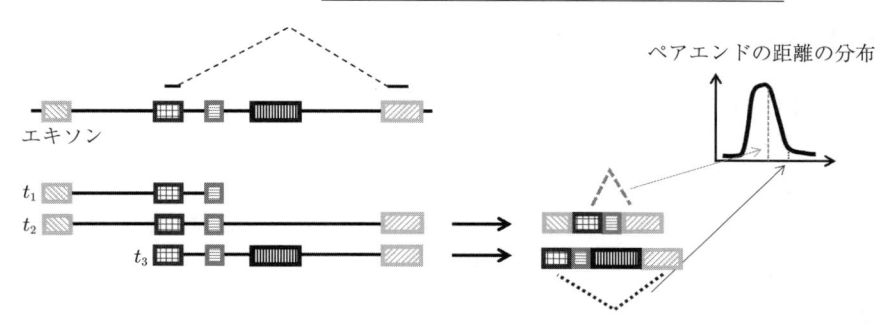

図 4.4 ペアエンドの距離の情報に基づく，アイソフォームの
フラグメントの $F(I_{ft})$ の違い

ト（＾）は最適化した値を意味する。

$$P(F_g|\tau_g) = \prod_{f \in F_g} P(f|\tau_g) \tag{4.5}$$

　実際には，観測できないフラグメントの由来を潜在変数と見なし，EM ア
ルゴリズムを用いてフラグメントの由来に関する期待値と，各アイソフォー
ムの存在比を，反復的に更新することでパラメータを最適化することができ
る[†]。

　さて，ここまでは一つの遺伝子の中の現象のみに着目しモデル化を行った。
全遺伝子を考慮したモデルへ拡張する上で，各遺伝子を選択する確率 β_g とす
ると，全フラグメントの集合 F が生成される確率は式 (4.6) とできる。

$$P(F|\beta, \tau) = \prod_{g \in G} \left(\prod_{f \in F_g} \beta_g \sum_{t \in T_g} \gamma_t P(f|t) \right) \tag{4.6}$$

ただし，G はすべての遺伝子領域の集合とする。

　ここで，β_g の最適値はリードカウントに基づく手法と同様に，$\hat{\beta}_g = X_g/N$
で求められる。そしてここまでの結果を統合し，式 (4.7) のように計算される
FPKM（fragment per kilobase of transcript per million mapped reads）と

[†] 　この潜在変数と EM アルゴリズムに関しては本書 8.1 節のクラスタリングにおける
k-means 法にて少し説明を行うが，詳しい説明は機械学習に関する専門書[48]）に譲る。

呼ばれる指標によって，アイソフォーム t の発現量が定量される。

$$\mathrm{FPKM}_t = \frac{10^6 \times 10^3 \times \hat{\beta}_g \times \hat{\gamma}_t}{l_t} \tag{4.7}$$

ただし，g はそのアイソフォーム t が所属する遺伝子を表すとする。

　ここまで，同一遺伝子中に存在する複数のアイソフォームに対し，フラグメントが一意にマッピングできない場合において，最尤推定により各アイソフォームの発現量を推定する方法を説明した。そのため，ゲノム上の複数の座標へマルチマップされるリードの取り扱いは説明していない。実際に，Cufflinks のデフォルトの設定では，複数の遺伝子へのマルチマップリードの処理はせず，あくまで同一遺伝子中の複数のアイソフォームの間でその由来に対する最尤推定のみを計算することになる。Cufflinks では，あるオプション（-u）を付けると，複数の座標にマッピングされたリードも考慮し，EM アルゴリズムに基づいた反復的な最適化を一度だけ行った上でマルチマップリードを補正して発現量を推定することもできる†。ここでは詳しい定式化は省略するが，基本的にはこれまでの生成モデルと同様にあるフラグメントが生成されるモデルによってモデル化できる。ただし，一つの遺伝子内のアイソフォームセットではなく，マッピングされたあらゆるアイソフォームからフラグメントが出力されるモデルへ拡張することになり，その上で最尤推定を行うことになる。

　リードの生成モデルに基づく発現量の定量化手法では，フラグメントの長さなどのさまざまな情報を確率モデルに組み込むことが比較的容易であり，さまざまなバイアスを排除して発現量を推定することが可能である。したがって，他の手法より正確性が高いことが利点となる。一方で，確率モデルで複雑な効果を考慮し，かつそのパラメータを最適化するには，計算時間が大きくなるという欠点がある。

---

† この補正をしない場合，複数座標へのマルチマップリードの効果は一様分割される。また，反復的な最適化を「一度だけ」行うというのは，計算時間を短縮するためなどの都合によるものである。

コーヒーブレイク

余談であるが，このようにシークエンサーのリードを入力ではなく出力と考え，そのデータの生成過程をパラメータ化した生成モデルを構築し，データの背後に潜むパラメータや構造を推定するというアプローチは，発現量の定量のみでなく，さまざまな配列解析に有効なアプローチである。

例えば，ハプロタイプアセンブリ（haplotype assembly）と呼ばれる問題設定において，このような確率モデルを活用することができる。ヒトは二倍体であり，子の染色体は父親・母親由来の 2 本の染色体が存在する。2 本の染色体のゲノム配列は完全に同一ではなく，違いがあることが知られている。例えば，ある 1 座位に存在する 1 塩基多型などの情報は遺伝子型（genotype）と呼ばれ，その遺伝子型と疾患の関連などが深く研究されている。ただし，それらの解析では各座位の遺伝子型を独立に扱っているものがほとんどである。しかし，ある近傍の 1 塩基多型がそれぞれ (A,C) と (T,C) であったとき，それらの塩基のいずれの組合せが同一染色体上，すなわち同一親由来の染色体上に存在するかには，(AT,CC) というパターンと (AC,CT) というパターンの可能性がある。このような，染色体レベルでの遺伝子型の情報をハプロタイプと呼び，疾患との関連解析や進化解析などにおいて重要な情報とされている。

このようなハプロタイプの情報は，例えばシークエンスリードの配列上に二つの多型の情報が存在すれば，その共起関係からある程度の推定が可能である。そこで，例えば二つのハプロタイプが背後に存在し，そのハプロタイプの中身をパラメータとし，その 2 本のハプロタイプのいずれか一方からリードが出力される生成モデルでモデル化し，パラメータ最適化によりハプロタイプを推定することができる[49]。発現量の推定においては，各状態（転写産物）の存在比が興味のあるパラメータであったが，ハプロタイプアセンブリの場合は 2 本の染色体の頻度は 0.5 であり，興味のあるパラメータはハプロタイプの中身である。このように，一見すると興味の対象は異なるものの，その生成過程を確率モデルで表し，パラメータ最適化により生物学的知識を抽出するというアプローチは，汎用性のある非常に有効な考え方だと言えるだろう。

4.1.3 異なる定量化指標

ここまで，発現量の定量化のアルゴリズムとその指標として RPKM と FPKM を紹介した。Cufflinks の開発と同時期に，同様に混合モデルによって発現量を

推定する RSEM[47] と呼ばれる手法も開発されている。RSEM はモデル自体は Cufflinks と非常に似ているが，最終的な発現量の定量化において **TPM**（transcripts per million）という指標を提案している。RPKM（あるいは FPKM）と TPM は相互に変換可能であり[†]，同一サンプル内での遺伝子間の発現量の大小関係が，それぞれの指標間で入れ替わることはない。しかしながら，その解釈性，さらには異なるサンプル間で発現量を比較する上では，RPKM・FPKM より TPM のほうが適した指標であると言われている[50]。ここでは，TPM に至る理論的背景を理解するため，まずは RPKM を確率論的に解釈し，どのような点から TPM のほうが適切な指標と考えられるかを説明する。これはモデルの違いの話ではなく，あくまで最終的な発現量として適切な指標に関する議論である。以降では，さまざまなバイアスなどが存在しない理想化したケースを前提とし，きわめて簡略化した状況におけるリードカウントに基づく手法を考えるとする。

各遺伝子の転写産物の存在比を ρ_g とすると（$\sum_g \rho_g = 1$），あるリードがある遺伝子から出力される確率が，配列長を考慮して，式 (4.8) の確率でモデル化したと見なすことができる。

$$\alpha_g = \frac{\rho_g l_g}{\sum_{g' \in G} \rho_{g'} l_{g'}} \tag{4.8}$$

そして，各遺伝子数への（ユニークな）マップリード数を X_g としたとき，この最尤推定の最適解は式 (4.9) で与えられる。

$$\hat{\alpha}_g = \frac{X_g}{N} \tag{4.9}$$

したがって，元の遺伝子の存在比の最尤推定量としては，式 (4.10) の関係が導かれる。

$$\hat{\rho}_g = \frac{X_g}{N l_g} \left(\sum_{g'} \frac{X_{g'}}{N l_{g'}} \right)^{-1} \tag{4.10}$$

[†]　各遺伝子の RPKM について，全遺伝子の RPKM の総和で割り 10^6 を掛ければ TPM に変換できる。

ここで，全遺伝子に関して和をとっている $\sum_{g'} X_{g'}/Nl_{g'}$ は定数なので，遺伝子ごとの発現量を求める上で無視することにすると，式 (4.11) のように RPKM と一致する量が導かれる。

$$\hat{\rho}_g \propto X_g \times \frac{1\,000\,000}{N} \times \frac{1\,000}{l_g} = \text{RPKM}_g \tag{4.11}$$

さて，RPKM では上記のように $\sum_{g'} X_{g'}/Nl_{g'}$ を定数であることから無視して発現量を定量化しているが，この値を無視して本当にいいのだろうか。二つの異なる実験で RNA-seq を行い発現量を定量・比較するとき，この「定数」は二つの実験の間で違う値になると考えられる。したがって，異なる実験間で発現量を比較する場合などにおいて，この項を無視することは問題があると言える。そこで，TPM では式 (4.12) のような変換を行い，RPKM では定数項として無視した項も含め発現量を定量化している。

$$\hat{\rho}_g = \frac{X_g}{Nl_g} \left(\sum_{g'} \frac{X_{g'}}{Nl_{g'}} \right)^{-1}$$

$$= X_g \frac{1\,000\,000}{N} \frac{1\,000}{l_g} \left(\sum_{g'} X_{g'} \frac{1\,000\,000}{N} \frac{1\,000}{l_{g'}} \right)^{-1}$$

$$= \frac{\text{RPKM}_g}{\sum_{g'} \text{RPKM}_{g'}} = \text{TPM}_g \tag{4.12}$$

ここでは RPKM と TPM の関係を見たが，RPKM の項を FPKM にそのまま置き換えても同様の議論は成立する。

4.2　アライメントフリーな発現量定量化

ここまでは，3 章で説明したリードマッピングの結果を用いて発現量を定量化する手法を説明してきた。ここからは，それらのマッピングツールの結果を必要とせず，高速に発現量を定量化する手法を説明する。これらの手法は**アライメントフリー**（alignment-free）なアプローチと一般的には呼ばれている。

┌─────────────────────
│ コーヒーブレイク
└─────

　「アライメントフリー」なアプローチでは，マッピングの結果を用いない。そのため，「マッピングフリー」と呼ぶほうが適切ではないかと思うかもしれないが，これらの用語の区別にはつぎのような理由がある。リードをゲノムやトランスクリプトなどのリファレンス配列に「マッピング」するとは，そのリードがリファレンス配列のどこに由来するかを対応づける操作を意味している。このマッピングの過程で，リード配列とリファレンス配列を 1 塩基解像度で比較し配列類似性を計算する「アライメント」という操作が一般的には行われている。3 章で紹介した RNA-seq のリードマッピングのためのツールも，このアライメントが不可欠であると言ってよい。しかし，アライメントは計算時間がある程度かかり，結果的にマッピングツールの出力結果を用いた発現量の定量化には時間がかかることになる。シークエンサーのスループットが向上しサンプルのサイズが非常に大きくなりつつあるいま，より高速に発現量を定量化する手法の需要が高まっている。そのような背景から，アライメントを行わずに高速に発現量を定量化するアルゴリズムが提案されている。これらのアルゴリズムの内部では，リードを大雑把にリファレンス配列に対応づける操作が含まれており，大雑把ではあるがマッピングをしていることになる。したがって，この定義においてはマッピングフリーなわけではなく，あくまでアライメントフリーなわけである。

　ここでは，アライメントフリーなツールの一つである Sailfish[51] のアルゴリズムに基づいて，その理論を簡単に説明する[†1]。Sailfish では，転写産物とRNA-seq のリードをともに k-mer と呼ばれる長さ k の部分配列の情報に変換し，その情報に基づいてマッピングを行っている（**図 4.5**）[†2]。仮に，あるリードがある転写産物に由来するなら，リードも転写産物も同じ k-mer を含むはず

───────────

[†1]　アライメントフリーなツールとしては，Sailfish の後継版の Salmon や kallisto が有名である。

[†2]　Salmon（Sailfish の後継ソフトウェア）では，デフォルトでは $k = 31$ を採用している。これは実装上の都合や，実験的な検証などにより決めた値であり，真に最適な k の値を理論的に説明することは容易ではない。k を決める上での基準のいくつかを説明すると，リードの裏表（元のリードの配列と，その相補配列）が同じ値にマップされることは避けたほうがよく，そのため奇数長にすることが一般的である。また A, T, C, G の 4 塩基は 2 ビットでエンコードできるので，64 ビットに格納すると $k = 31$ がよさそうに思える。しかし実際にはシークエンスのリード長やエラー率，その他の処理などに依存するので，どのような理由で $k = 31$ がデフォルト採用されているかを完全に説明することはできない。

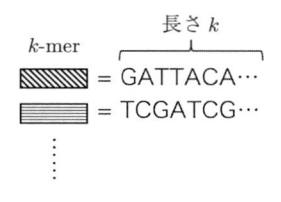

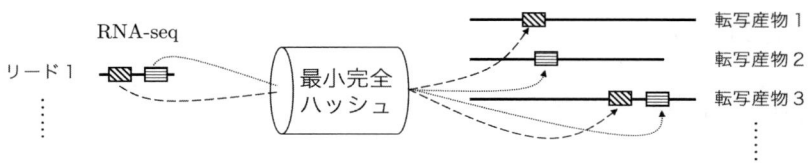

図 **4.5** *k*-mer に基づく高速なマッピング

である。当然，同じ *k*-mer を含んでいる他の転写産物も多数存在すると考えられるが，さまざまな *k*-mer の情報を集めればマッピングに多少の曖昧性はあっても，発現量の定量に与える影響は小さいと想定される。

まず，RNA-seq の全リードのデータから，ある *k*-mer s_j の観測回数である $L(s_j)$ を算出する。そして，ある s_j が転写産物 t_i に由来する程度を，式 (4.13) の $\alpha(j, i)$ として求める（ただし，t_i は *k*-mer s_j を持つとする）。

$$\alpha(j, i) = \frac{\mu'_i L(s_j)}{\sum_{k \supseteq s_j} \mu'_k} \tag{4.13}$$

ここで，μ'_i は転写産物 t_i の存在比を表し，$k \supseteq s_j$ は s_j を持つ転写産物の集合とその要素を表すとする。したがって，$\alpha(j, i)$ は s_j が t_i に由来する数の期待値だと言える。

つぎに，上式 (4.13) で求めた $\alpha(j, i)$ を用い，以下の式 (4.14) によって μ_i と μ'_i を計算する。

$$\mu_i = \frac{\sum_{s_j \subseteq t_i} \alpha(j, i)}{l'_i},$$
$$\mu'_i = \frac{\mu_i}{\sum_{k \in T} \mu_k} \tag{4.14}$$

ここで，$s_j \subseteq t_i$ は転写産物 t_i に含まれる *k*-mer 集合とその要素を表すとする。また，l'_i は t_i の補正した配列長で，簡単には (配列長 $- k + 1$) である。

これらの操作は EM アルゴリズムにおける E ステップと M ステップに相当し，これらの操作を繰り返すことで尤度関数の（局所）最適解となるパラメータを求めることができる。以上で最適化した μ'_t と TPM との間には，式 (4.15) のような対応関係がある。

$$\mathrm{TPM}_t = 10^6 \mu'_t \qquad\qquad (4.15)$$

したがって，最終的な発現量としては TPM の値として出力されることが多い。

なお，上述の操作はきわめて単純化した手法であり，実際には高速化のために以下のような工夫がなされている。まず，k-mer の塩基配列を 0 から（サイズ -1）の数値に変換する最小完全ハッシュをリファレンス配列に対して構築し，k-mer から高速に index へと変換可能にしている。その上で，各転写産物からそれが含んでいる k-mer のセット，各 k-mer からそれを含む転写産物のセットへの早見表を構築しておくことで，実装上の高速化を図っている。

また，ここでは理解のしやすさからシンプルにある k-mer s_j の観測回数を $\mathrm{L}(s_j)$ とした。しかし実際には，Sailfish では k-mer equivalence class $[s_j]$ というものを導入し，式 (4.16) のような計算を行っている。

$$
\begin{aligned}
\mathrm{L}(s_i) &= \sum_{s_j \in [s_i]} C_R(s_j), \\
\alpha(j, i) &= \frac{\mu'_i \mathrm{L}(s_j)}{\sum_{k \supseteq [s_j]} \mu'_k}, \\
\mu_i &= \frac{\sum_{[s_j] \subseteq t_i} \alpha(j, i)}{l'_i}
\end{aligned}
\qquad (4.16)
$$

ここで，k-mer equivalence class とは，同じアイソフォームにおいて同じ頻度で観測される k-mer のセットであり，これらのセットはまとめて計算している。そして $C_R(s_j)$ はリードデータ中の s_j の観測回数であり，$\mathrm{L}(s_i)$ は k-mer equivalence class となる s_j に対する観測回数の和である。

4.3 5'端・3'端 RNA-seq における発現量定量

ここまでは，mRNA 転写産物の全体（全長）を読むことができる RNA-seq（full-length RNA-seq）を想定し，発現量を定量する手法を紹介した。一方で，1 章で紹介したように転写産物の 5' 側あるいは 3' 側の領域のみからリードが生成される RNA-seq の実験プロトコルも存在する。もちろん，このようなデータに対してもこれまでの手法とおおよそ同じように発現量を定量することができる。本節では，全体を読む RNA-seq と比較し，5' 端・3' 端 RNA-seq 特有のアプローチに着目して説明をする。

4.3.1 転写産物長の補正に関して

各 mRNA 転写産物の端からリードが生成されるため，転写産物の長さの影響は基本的にはなくなる。したがって，例えば長さで補正しない **RPM**（reads per million mapped reads）と呼ばれる正規化したマップリード数で発現量を次式のように定義することができる。

$$\mathrm{RPM}_g = X_g \times \frac{1\,000\,000}{N} \tag{4.17}$$

また，リードの生成モデルに基づくアプローチでも，長さの効果をモデルから排除すれば同様に，次式のように **FPM**（fragment per million mapped reads）を定義できる。

$$\mathrm{FPM}_t = 10^6 \times \hat{\beta}_g \times \hat{\gamma}_t \tag{4.18}$$

4.3.2 UMI カウント

5' 端・3' 端 RNA-seq では，転写産物の存在量をより定量的に計測可能にするためにも，**分子バーコード**（unique molecular identifiers；UMI）と呼ばれる技術が積極的に用いられている。RNA-seq 実験の過程では，元の 1 分子の

mRNA 転写産物から逆転写された cDNA が PCR によって増幅され，その後にシークエンサーで読まれることでリードの情報が得られる。この PCR による増幅過程にはバイアスがあることが知られており，増えやすい配列・増えにくい配列が存在する。したがって，PCR で潜在的に増えやすい配列を持つ遺伝子からは，実際の存在量よりも多くのリードが結果的に得られることになる。このようなバイアスは，リードの存在量が元の mRNA 転写産物の存在量とおおむね比例するという想定を崩すものであり，発現量の定量化における問題となる。

　そこで，元の1分子 RNA 転写産物から逆転写する際に，元の1分子の由来を識別できるような識別子を塩基配列（分子バーコード）として結合しておくことで，PCR 後にも1分子を識別できるという方法が提案されている†。例えば，3' 端 RNA-seq の場合はオリゴ dT プライマーに分子バーコードを付けて逆転写をさせることで，分子バーコードを結合できる。シークエンシングによって mRNA 転写産物の端の領域の配列と分子バーコードの情報が同時にわかるので，転写産物に相当する配列からどの遺伝子に由来するかを判別でき，分子バーコードからどの1分子に由来するかを判断できる（図 4.6）。つまり同じ遺伝子にマップされたリードで同じ分子バーコードを持つ場合，それらは同じ1分子由来であるからまとめて一つとカウントするのである。このような考えのもと，ユニークな分子バーコードの数として発現量を定量化したのが **UMI カウント**（UMI count）である。ここでは，リードからユニークな UMI に変換してカウントする UMI カウントを紹介したが，Cufflinks などのように生成モデルに基づいたアプローチで，バーコードのエラーを補正するなどの処理を行う手法も開発されている[52]。

　このような分子バーコード技術は正確には，5' 端・3' 端 RNA-seq のみでなく，すべての RNA-seq において定量性を上げる技術として期待されている。

---

† この分子バーコードは，完全に1分子1バーコードである必要はなく，あくまで同一遺伝子で同じ分子バーコードを持つ確率が十分に小さければよい。したがって，実際の実験に用いるのは，それを達成できる程度の多様性を持つ配列で構わない。

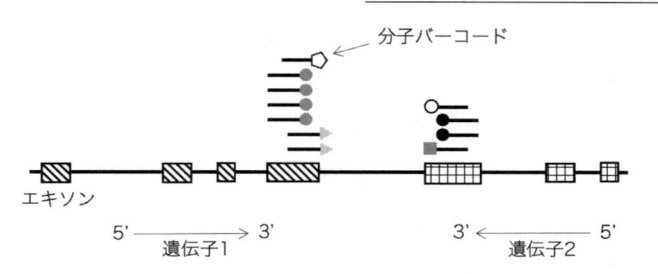

図 **4.6**　3' 端 RNA-seq におけるマッピングの概念図と，リードカウントおよび UMI カウントに基づく発現量の概念図

ただし実際には，3' 端 RNA-seq では分子バーコードをオリゴ dT プライマーと結合させる形で設計でき実験に組み込みやすいことなどの理由により，3' 端 RNA-seq において積極的に活用されているのが本書執筆時の現状である。

4.4　本章のまとめ

　本章では，RNA-seq データから発現量を導出する手法をいくつか紹介した。基本的には，各 mRNA 転写産物の存在比に比例して出てくるリードの数を計算することで，各転写産物の発現量を推定することができるという考えのもとで，各種アプローチにより発現量を定量している。本章では，より正確な定量を目指した確率モデルによるアプローチや，高速な計算を目指したアライメントフリーなアプローチなどを紹介した。今後も，さまざまなタイプの転写産物

の発現量を定量するなどの生物学的な目的や，計算時間やメモリ使用量の削減などの計算機上の要望，分子バーコードなどの新しい実験技術のデータへの対応に伴い，さまざまなソフトウェアが開発されるであろう。本章で紹介した基盤的な理論を知ることで，解析に適切なソフトウェアを選択できるようになるとともに，新しい問題設定やデータに出会ったとき，新しいソフトウェアを開発するきっかけになれば幸いである。

5 発現変動解析

4章では，あるサンプルのRNA-seqデータから各転写産物の発現量を定量する手法を紹介した。発現解析を行う上では，あるサンプルでどのような遺伝子の発現量が高いかなどを調べることも重要であるが，多くの場合ではグループAとグループBでどのような遺伝子の発現量に差があるかという，発現量の変動を解析することが求められることが多い。例えば，疾患サンプルと対照サンプルのRNA-seqの結果から，どのような遺伝子の発現量が違うかを調べることで，疾患に関連する遺伝子を特定することができると期待される。本章では，このような異なるグループの間で発現量が違う**発現変動遺伝子**（differentially expressed gene；DEG）を検出するための手法を紹介する。

5.1 アノテーションに基づく発現変動解析

まずはじめに，リードがマッピングされた結果を基に，グループ間での発現量の差を検定するための手法を紹介する。もちろん，4章で求めたRPKM・FPKM・TPMデータを基に，t検定などの統計的仮説検定によりグループ間の差の有意性を検定し，発現変動遺伝子を列挙するというアプローチも可能である。しかしながら，RNA-seqデータの特徴を踏まえて発現変動解析をするためにも，FPKMなどのデータに変換する前に発現変動解析を行うソフトウェアが開発されている†。

---

† 本章で紹介するCuffdiffなどでのソフトウェアにおける発現変動解析のモデルは，発現量定量のモデルと共通している部分が多い。例えば，Cuffdiff内部では発現量と差の定量を同時に行っていると言える。

5.1.1　リードカウントベースの発現変動解析

　まず，遺伝子にマッピングされたリードの総数（リードカウントデータ）を直接モデル化し，発現変動遺伝子を検出するよう設計された edgeR[53),54)] を紹介する。edgeR では，あるサンプル i と遺伝子 g にマッピングされたリード数を $\boldsymbol{Y}_{gi}$ で表し，これを式 (5.1) のように**負の二項分布**（negative binomial distribution）によってモデル化している。

$$\boldsymbol{Y}_{gi} \sim \mathrm{NB}(r_{gi}, p_{gi}) \tag{5.1}$$

ここで，負の二項分布とは式 (5.2) の確率質量関数で定義される離散型の確率分布である。

$$P(\boldsymbol{Y}_{gi} = y) = {}_{y+r-1}\mathrm{C}_y(1 - p_{gi})^{r_{gi}} p^y \tag{5.2}$$

これは，確率 p_{gi} で成功するベルヌーイ試行を r_{gi} 回失敗するまで独立に繰り返したときに，y 回成功するという確率を表している。また，この確率分布の期待値と分散はそれぞれ $r_{gi}p_{gi}/(1 - p_{gi})$ と $r_{gi}p_{gi}/(1 - p_{gi})^2$ である。ただし，上述のような r_{gi} 回失敗するまで繰り返すなどのプロセスが RNA-seq の実験プロトコルの背後に存在しているとは考えづらく，RNA-seq のデータを扱う上で負の二項分布の形状が単に都合がよかったと考えるのが自然だろう。負の二項分布が用いられる以前にはポアソン分布を用いたモデル化がなされていたのだが，ポアソン分布では一部のデータ点が非常に大きな値をとるような状況[†1]をうまく表現できなかったため，そのような状況にも適用可能な負の二項分布が用いられるようになったという歴史がある（**図 5.1**[†2]）。

　なお，ポアソン分布のパラメータにガンマ分布を事前分布として与えた場合，その予測分布として負の二項分布が導出される。すなわち，ある遺伝子の発現

[†1]　これを**過分散**（overdispersion）と呼ぶ。

[†2]　同じ期待値を持つポアソン分布と負の二項分布を考えると，負の二項分布は失敗回数 r によって分布が変わり，r を大きくしていくとポアソン分布と一致する。r を小さくするとポアソン分布と比較し分散が大きくなり，ある程度大きな値も許容できる分布となる。

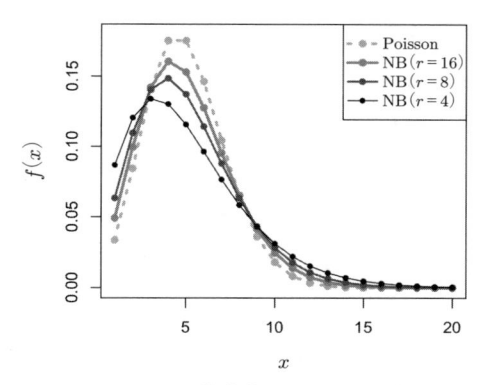

図 5.1 同じ期待値のポアソン分布
および負の二項分布

が各細胞で異なる期待値のポアソン分布に従うと仮定すると，多数の細胞をまとめて RNA-seq を行った際には，混合ポアソン分布に基づいてデータが生成されると考えることができる。このとき，事前分布をガンマ分布と仮定し，分布の周辺化を行うことで負の二項分布が導出されることから，こうした背景を踏まえると負の二項分布が適切であると考えることもできる。

edgeR の論文[53)]における記法では，期待値を $\mu_{gi} = M_i \pi_{gj}$，r_{gi} の逆数として ϕ_g というパラメトライズによって，期待値と分散がそれぞれ μ_{gi} と $\mu_{gi}(1+\mu_{gi}\phi_g)$ として記述されている。ここで，M_i はサンプル i の総リード数で，π_{gj} はグループ j における遺伝子 g の相対存在比である。ただし，サンプル i はグループ j に由来する一つのサンプルを表すとする。また，分散に係るパラメータ ϕ_g は，グループに関係なく共通と見なしている。この場合は，式 (5.2) に示した確率質量関数のパラメータと対応させると，式 (5.3) のような関係が成り立つ。

$$p_{gi} = \frac{\mu_{gi}\phi_g}{1 + \mu_{gi}\phi_g}, \quad r_{gi} = \frac{1}{\phi_g} \tag{5.3}$$

各グループで複数の観測結果がある（つまり複数のサンプルが存在する）とき，上述のモデルの最尤推定を行い，最適なパラメータとそれに対応する尤度を計算することができる。このモデルから発現変動を検定するアプローチはいくつか存在するが，ここでは**尤度比検定**（likelihood ratio test）に基づくアプ

ローチを紹介する（**図5.2**）。ここまでは，ある遺伝子 g が二つのグループでそれぞれ異なる発現量を持つと考え，異なるパラメータ π_{gj} でモデル化をしていた（full model）。したがって，発現量に差がないという帰無仮説は，先のモデルにおいて π_{gj} ではなく共通のパラメータ π_g としたモデルに相当する（reduced model）。このような full model と reduced model の尤度がそれぞれ求まったとき，その尤度比を基にした検定である尤度比検定を行うことで，full model の有意性を評価することができる。つまり，full model が有意であれば（reduced model が棄却されれば），二つのグループの間で異なるパラメータを設定したほうがよいと考えられ，すなわち二つのグループ間で発現量に差があることを主張できるのである[†1]。ここでは二つのグループ間での検定を説明したが，複数グループの場合であっても，同様にパラメータを共通化した reduced model と full model での尤度比検定を行うことで同様の解析は可能である[†2]。

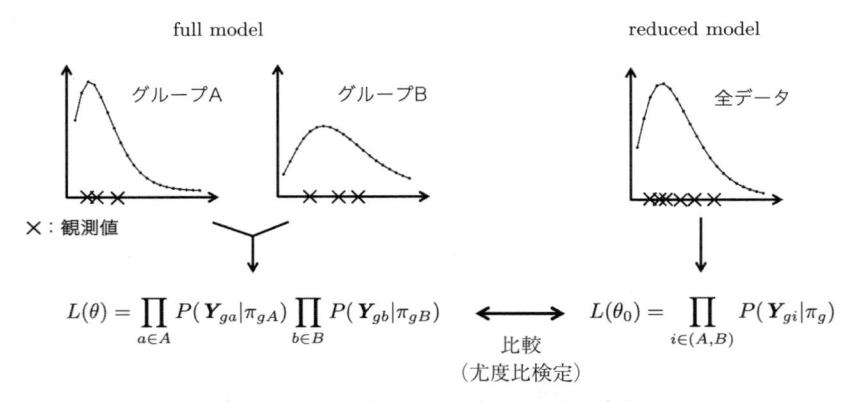

$$L(\theta) = \prod_{a \in A} P(\boldsymbol{Y}_{ga}|\pi_{gA}) \prod_{b \in B} P(\boldsymbol{Y}_{gb}|\pi_{gB}) \longleftrightarrow L(\theta_0) = \prod_{i \in (A,B)} P(\boldsymbol{Y}_{gi}|\pi_g)$$

図5.2　負の二項分布に基づく発現変動の尤度比検定の概要図

　edgeR と同様に，リードカウントを負の二項分布でモデル化し発現変動解析を行うソフトウェアとして DESeq[55] なども有名である。これらの手法は根本

[†1] 　帰無仮説のもとで尤度比は漸近的にカイ二乗分布に従うことが知られており，カイ二乗分布を用いて検定することができる。なお，実際にはいろいろな工夫がされた統計量や検定の仕方が存在する。

[†2] 　ただし，どのような組合せでパラメータを共通化するかは自明ではなく，さまざまな組合せが可能な中どのような組合せを選択するかの問題は残る。

となるモデルはきわめて似ているが，サンプルごとの正規化項といった一部の
パラメータの扱いに違いが存在する。

┌─ **コーヒーブレイク** ─┐

edgeR では負の二項分布でモデル化し，最尤推定によりパラメータを最適化し
ていた。式 (5.2) によると，パラメータ r_{gi} は組合せの計算に用いられており，
それゆえ「整数値」しかとり得ないように思うかもしれない。しかし，実は負の
二項分布は式 (5.4) のようなガンマ関数による表現が可能である。

$$P(\boldsymbol{Y} = y) = {}_{y+r-1}C_y(1-p)^r p^y = \frac{\Gamma(y+r)}{\Gamma(r)\Gamma(y+1)}(1-p)^r p^y \quad (5.4)$$

ガンマ関数は，階乗の概念を連続値（実際には複素数全体）でも計算できるよう
に拡張したようなもので，それゆえ式 (5.4) を用いると，r_{gi} を連続値にするこ
とも許容され，よりデータにフィットした分布を推定できるようになると考えら
れる。また，観測値のほうを連続値に拡張することもでき，その場合はガンマ分
布へとつながることになる。

5.1.2　フラグメントの確率ベースの発現変動解析

リードカウントに基づく変動解析では，4 章で述べたように複数のアイソフォー
ムが存在する領域のリードや，マルチマップするリードの取り扱いなどに限界
がある。したがって，アイソフォームレベルの発現変動解析には不向きである。
このような問題に対処すべく，4 章で説明した FPKM に基づいて発現変動を定
量する手法である Cuffdiff[24] が開発された†。Cufflinks から出力される，ある
条件 a の転写産物 t の FPKM を，式 (5.5) で表すとする。

$$\mathrm{FPKM}_t^a = \frac{10^9 \hat{\beta}_g^a \hat{\gamma}_t^a}{l_t} = \frac{10^9 X_g^a \hat{\gamma}_t^a}{l_t N^a} \quad (5.5)$$

この表現に従うと，二つのグループ a, b の間における発現量の対数尤度比（log
fold-change；logFC）は式 (5.6) によって計算される。

---

† 　正確には，発現量定量ソフトである Cufflinks の機能の一部として Cuffdiff が同論文で
　提案された。

$$\log\left(\frac{\text{FPKM}_t^a}{\text{FPKM}_t^b}\right) = \log\left(\frac{X_g^a \hat{\gamma}_t^a N^b}{X_g^b \hat{\gamma}_t^b N^a}\right)$$

$$= \log(X_g^a) + \log(\hat{\gamma}_t^a) + \log(N^b)$$

$$- \log(X_g^b) - \log(\hat{\gamma}_t^b) - \log(N^a) \tag{5.6}$$

この logFC は，転写産物 t ごとに分散で正規化すると，おおよそ正規分布で近似できると考えられている。さらに，二つの条件間で「ほとんどの転写産物は発現変動していない」と仮定すると，この近似した経験的な正規分布を用い，各転写産物の正規化した logFC の p-value などを計算することができる（**図 5.3**(a)）。なお，横軸に対数発現量の平均，縦軸に logFC をプロットしたものは **MA プロット**（MA-plot）と呼ばれ，発現変動解析で頻繁に用いられている。真に発現変動した遺伝子のみで logFC が大きくなるのが理想だが（図 5.3(a)），実際には低発現量の遺伝子の logFC が大きな値となることが頻繁に起こるのが実情

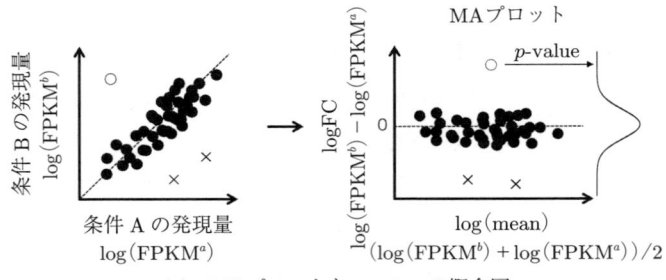

(a)　MAプロットと p-value の概念図

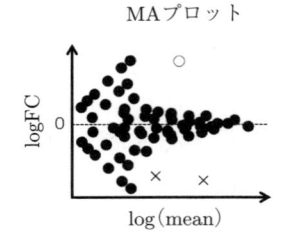

(b)　実データで見られる MAプロットのパターン

図 5.3　logFC と発現変動の概念図

である（図 5.3(b)）。したがって，そのような低発現量遺伝子は取り除くか，あるいは平均対数発現量を考慮して logFC の有意性を定量するといったアプローチがとられる。また，DESeq2 においては logFC に事前分布を導入して縮小推定するといった工夫をしている。

アイソフォームレベルで発現変動解析を行う上で，上述のアプローチは FPKM の計算においてフラグメントの由来の曖昧性を考慮することができ，リードカウントベースのアプローチより優れている。一方で，edgeR などでは観測値を直接検定するのではなく，真の転写産物の量と観測値の分布の関係を負の二項分布でモデル化し解析を行っている点で，データの生成過程の分散を考慮でき，特に同一グループのサンプルが多数存在する状況[†1]で，うまくデータを活用できると考えられる。その意味で，Cuffdiff では最適化した値を直接使っており，分散や replicate のデータをうまく取り扱えていない。このような問題に対処するため，Cuffdiff2[45]) ではつぎのような改良が加わっている。

Cuffdiff2 では，トランスクリプト t の真の選択確率（存在確率を長さで補正したもの）を ρ_t としたとき（つまり $\rho_t = \beta_g \gamma_t$ に相当する），合計で N 本のフラグメントを選んだときに，トランスクリプト t 由来のフラグメント数が k である確率を式 (5.7) のポアソン分布で定義している[†2]。

$$P(C_t = k) = \frac{e^{-\rho_t N}(\rho_t N)^k}{k!} \tag{5.7}$$

つぎに，フラグメントの存在比の曖昧性をモデルに組み込む。そこで，フラグメントのデータセットを F で表し，そこから真の存在比を反映した F 中のトランスクリプト t の期待値を x_t で表したとき（式 (5.7) の $\rho_t N$ に相当するものである），式 (5.8) のように x_t の事前分布を組み込んだモデルへと拡張する。

[†1] 複数の replicate のデータが存在する場合などに該当する。RNA-seq における replicate とは，同じグループ（例えば同じ疾患群のデータ）の RNA-seq を，サンプルレベルで由来が違うデータ（例えば異なる患者のデータ）を収集する biological replicate と，同じサンプルのデータを複数測定する technical replicate が存在する。可能であれば多くの biological replicate があることが望ましいが，実験上のバラツキを理解する上でも technical replicate のデータも有効である。

[†2] もちろん，フラグメントの由来は曖昧なため，フラグメント数の観測値は得られていないことに注意する。

$$P(C_t = k) = P(x_t|F) \frac{e^{-x_t}(x_t)^k}{k!} \tag{5.8}$$

ここで，$P(x_t|F)$ の分布として，式 (5.9) のガンマ分布を仮定すると，確率分布が解析的にうまくまとまることが知られている。

$$P(x_t|F) = \frac{1}{\Gamma(r_t)\theta_t^{r_t}} x_t^{r_t-1} e^{-x_t/\theta_t} \tag{5.9}$$

式 (5.9) を式 (5.8) に代入し，x_t に対して積分を行うと，最終的に以下の式 (5.10) の確率分布が導かれる。

$$P(C_t = k) = \frac{\Gamma(k + r_t)}{k!\Gamma(r_t)} \left(\frac{1}{1 + \theta_t}\right)^{r_t} \left(\frac{\theta_t}{1 + \theta_t}\right)^k \tag{5.10}$$

これはまさしく，式 (5.4) において $p = \theta_t/(1 + \theta_t)$，$r = r_t$ としたときの負の二項分布と一致することがわかる。と言うのも，そもそも負の二項分布とは，データがポアソン分布に従い，ポアソン分布のパラメータの事前分布としてガンマ分布が与えられたとき，その予測分布として導出されるものだからである。このように定義されるフラグメント数の分布に基づき，観測値の分散や同一グループ中の複数のデータを考慮し，トランスクリプトの選択確率（ρ_t）などを求めることで，最終的に Cuffdiff と同様の logFC に基づく変動解析が行われる[†]。

結果として負の二項分布が導出されたが，これは replicate 間の生物学的分散を表現するために負の二項分布を採用した edgeR の想定とは少し異なり，真の存在量の曖昧性を確率モデルで組み込んだ上で周辺化した結果導かれたというものである。

5.2　スプライシング変動解析

ここまでは，既知の遺伝子・アイソフォームに対して発現変動を検証する手

[†]　実際には，さらに複雑な処理が多数なされている。また，例えば二つのグループでパラメータを共通化した reduced model も構築し，edgeR と同様の尤度比検定などに基づくアプローチも可能であり，ここで示した変動解析はあくまで一つの例である。

法を紹介した。しかし，同一遺伝子領域から転写されるアイソフォームの構造は多種多様であり，アノテーションに登録されていないアイソフォームも多数存在すると考えられる。ここまでのアプローチでは，そのような未知のアイソフォームに対する発現変動を検出することはできない。例えば，通常の組織では観測されない異常なスプライシング産物が，がん細胞中に存在することが報告されている[56]。このような未知の**スプライシングパターン**（splicing pattern）を見つけることは，例えばそのスプライシングパターンに対応するタンパク質を標的としてがんワクチンを設計できる可能性があるなど，医学的にも重要性が高い。したがって，アノテーション外のスプライシングパターンの変化を検出することも，発現変動解析において一つの重要なトピックである。本節では，スプライスされるイントロンのパターンを対象に，アイソフォーム全体ではなく，部分的な構造レベルでグループ間の差を検出するアプローチを LeafCutter という手法を基に説明する[57]。

　LeafCutter では，スプライシングパターンの証拠として，エキソン-エキソンをまたぐスプリットリードの情報を使う[†]。まずはじめに，同じ転写産物に関連するスプリットリードを一つのクラスタとしてまとめる。ここでは図 **5.4**

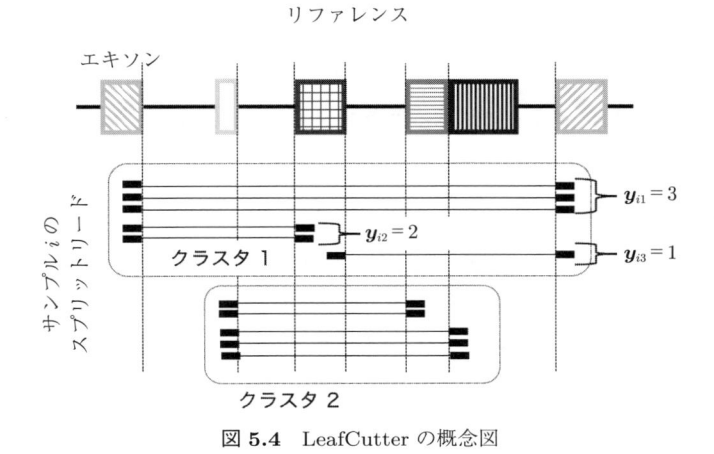

図 **5.4**　LeafCutter の概念図

---

†　スプリットリードに関しては本書の 3 章を参照すること。

のように，スプリットリードの左右でいずれか一方でも同じエキソンを共有する場合は一つのクラスタと見なすとする。そしてスプライスされるイントロンのパターン（スプライシングパターン）ごとに，スプリットリードの数をカウントする（図 5.4 ではクラスタ 1 において，三つのパターンが存在することになる）。ここで，あるサンプル（グループ）i におけるイントロン j に相当するスプリットリードのカウント数を $\boldsymbol{y}_{ij}$ で表すとする。そして，あるクラスタ c には J 個のスプライシングパターンが存在するとし，その合計を $n_{ic} = \sum_{j=1}^{J} \boldsymbol{y}_{ij}$ で表すとする。したがって，二つのグループに対し，あるクラスタのスプライシングパターンのカウント数がそれぞれ与えられたとき，グループ間でそれらに差があるかを定量することで，スプライシングパターンの変化を検出できると考えられる。

　ここでは確率モデルに基づくアプローチとして，モデルに異なるパラメータを設定したときと共通化したときの尤度の違いによる検定である，尤度比検定に基づく手法を説明する。サンプル i において，あるクラスタに相当するスプライシングパターンのカウント数（$\boldsymbol{y}_{i1}, \ldots, \boldsymbol{y}_{iJ}$）が多項分布に従うと仮定すると，その確率分布は式 (5.11) で表すことができる。

$$P(\boldsymbol{y}_{i1}, \ldots, \boldsymbol{y}_{iJ} | \pi_i) = \frac{n_{ic}!}{\boldsymbol{y}_{i1}! \cdots \boldsymbol{y}_{iJ}!} \pi_{i1}^{\boldsymbol{y}_{i1}} \cdots \pi_{iJ}^{\boldsymbol{y}_{iJ}} \tag{5.11}$$

ここで，π_{ij} はサンプル i におけるクラスタ c 中のスプライシングパターン j の存在確率を表すパラメータである。この π_i をサンプル（グループ）ごとに最尤推定に基づき最適化したモデル（full model）の尤度と，サンプル関係なく共通のパラメータとしたモデル（reduced model）に対し同様に最適化し尤度を求め，それらに対して尤度比検定を行う。これにより，グループ間で各クラスタでのスプライシングパターンが変化しているかどうかを検定することができる[†]。

[†] このモデルは LeafCutter のモデルを簡略化したものであり，実際にはディリクレ多項分布を使用するなどの工夫がなされている。

5.3　ポリアデニル化サイト変動解析

　前節ではスプライシングのパターンの変化を検出する手法を紹介した。スプライシングのパターンの変化において，あるエキソンを含む・含まないといったコードされるタンパク質に影響がある変化のほか，転写産物の 3' 側の切断される位置の変化である**選択的ポリアデニル化部位**（alternative polyadenylation site；APA site）も発現制御の重要な要素であることが知られている[58]。mRNA は転写後に 3' 側が切断されポリアデニル化されるが，多くの遺伝子ではこの切断される位置の候補が複数存在する。これらの切断箇所は一般的に非翻訳領域内の話であり，切断箇所が違ってもコードされるタンパク質は同一である。しかし，この切断箇所の違いが RNA 結合タンパク質などの制御因子の結合や mRNA の安定性などを変化させ，結果として細胞運命や健康状態などに大きな差を引き起こすことが知られている。以上のことから，APA site の変動を検出することも発現変動解析の重要なトピックである。

　ここでは，RNA-seq データから APA site の変動を検出するソフトの一つである TAPAS を紹介する[59]。TAPAS では，複数の APA site を検出するところから始める。APA site の前後では，リードのカバレージが変化する（APA site を超えるとカバレージが減少する）ことが期待される。そこで，3'UTR にマッピングされるリードのカバレージデータに対し，系列データから**変化点検出**（change point detection）を行うアルゴリズムを用いて APA site を列挙する†。そして，この複数の APA site に該当する転写産物の発現量は，前章で紹介した Cufflinks と同等のモデルにおいて，転写産物の構造としてこれらの複数の APA site を考慮したモデルに拡張することで定量することができ，その発現変動解析も本章で紹介した Cuffdiff などの一般的な発現変動解析法と同様

---

†　3'UTR がイントロンをまたぐ場合は，3'UTR をひとまとめにつないだものへ変換し，その上でのカバレージを考えている。また，実際には偽陽性も多く検出されることから，それらを取り除くフィルタリングも必要である。

に行うことができる。

5.4　新規転写単位・構造の検出

2章では，RNA-seq リードをアセンブリすることにより新規転写産物を再構築するアプローチを紹介した。ゲノムのリファレンス配列が与えられている生物種においては，RNA-seq のリードをゲノムにマッピングしたとき，遺伝子アノテーションに含まれない領域に多数のリードがマップされた場合，そこに何かしら未知の転写産物が存在する可能性が示唆される。本節では，このような視点で新規転写産物の存在を検出したり，グループ間で発現に差がある領域を見つけるといったアプローチをいくつか紹介する。

5.4.1　ヒューリスティックなアプローチ

アノテーションに依存せずに発現量や発現変動を解析する単純なアプローチとして，ゲノムを特定の長さのビンに区切り，各ビンにマッピングされた総リード数をそのビンの擬似的な発現量と見なすことで，これまでと同様の発現解析をする方法が挙げられる。ここで仮に，既知の遺伝子領域と重複していないにも関わらず，マップリード数の多いビンがあれば，そこにはアノテーションに含まれない新規転写単位が存在する可能性が示唆される（**図 5.5**）。その上で，この擬似的な発現量に対して 5.1.1 項で紹介した「リードカウントベースの発現変動解析」などのアプローチを用いることで，仮の転写単位に対する変動解

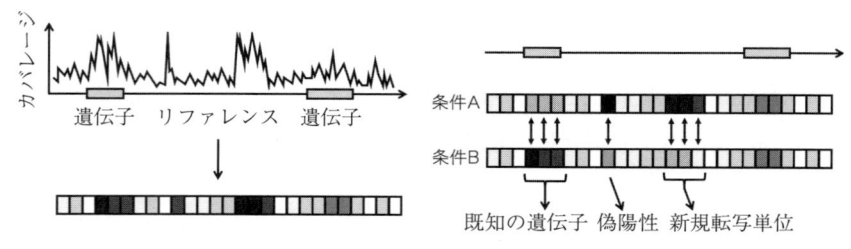

図 5.5　ヒューリスティックなアプローチの概要図

析も可能である。もちろん，このような手続きによって検出される転写単位には偽陽性も多いと考えられる。したがって，このような解析によって研究を進める場合は，解析結果を別の実験によって検証することも考慮に入れ，さまざまな観点から解析結果の妥当性を検証することが大切である。

5.4.2　flexible expressed region analysis

上記のアプローチではヒューリスティックにゲノムをビンに切り分ける操作をしていた。しかし，例えば 1 000 塩基の長さのビンに切り分けた場合，数塩基の小さな範囲の変動は残りの大部分の領域の結果の影響に埋もれてしまう可能性がある。一方で，ビンに切り分けることなく 1 塩基解像度で全ゲノムにわたってリードをカウントし計算をすると，偽陽性が高くなり解釈性は低くなると考えられる。そこで，derfinder というソフトウェアでは，1 塩基解像度のリードカウントのモデル化と，連続した領域における変化を捉える系列データ解析のアルゴリズムを組み合わせ，発現変動領域を検出している[60],[61][†1]。

ここでは簡単のため，derfinder を簡略化した以下の式 (5.12) のモデルを用いて説明する。

$$\boldsymbol{Y}_{ij} = \alpha_i + \beta_i \boldsymbol{X}_j \tag{5.12}$$

ここで，$\boldsymbol{Y}_{ij}$ は位置 i，サンプル j のリードカウントの対数値である[†2]。また，簡単のため疾患群と対照群での比較を想定して説明すると，α_i は位置 i の対照群のリードカウントの対数値であり，$\boldsymbol{X}_j$ は疾患群で 1，対照群で 0 となるダミー変数のベクトルで，β_i は位置 i における疾患群での変化を表すパラメータである。このようにモデル化することで，発現変動領域とは，$\beta_i \neq 0$ が支持されるある程度連続した領域と見なすことができる。

当初の論文[60]では，**隠れマルコフモデル**（hidden Markov model；HMM）

[†1]　本手法はどちらかというと，完全な新規転写単位の検出というわけではなく，既知の遺伝子領域内に存在する未知の転写構造を検出するという目的でデザインされている。

[†2]　リードカウントは 0 の場合もあるため，実際には log(リードカウント ＋ 1) などの変換がなされる。

を基盤にして連続して $\beta_i \neq 0$ が支持される領域を検出している。この隠れマルコフモデルでは，$\alpha_i = 0$ かつ $\beta_i = 0$ となる状態（非発現状態），$\alpha_i \neq 0$ かつ $\beta_i = 0$ となる状態（発現非変動状態），$\beta_i \neq 0$ となる状態（発現変動状態）という三つの隠れ状態を考え，また異なる状態への遷移確率を小さく設定した遷移確率行列を固定して用いている。これにより，本モデルのパラメータおよび隠れ状態をデータから推定することで，$\beta_i \neq 0$ となる発現変動状態が連続する発現変動領域を同定することができる [†1]。

ただし，隠れマルコフモデルによるアプローチは計算時間が大きいなどの問題があったことから，より簡易的なアプローチが提案されている[61]。簡易的なアプローチでは，$\beta_i = 0$ とした帰無モデルを 0，$\beta_i \neq 0$ としたモデルを 1 の添字で表し，それぞれの残差二乗和（RSS）およびモデルの自由度（df）に基づき，回帰モデルの説明変数の意義などを検定するために用いられる式 (5.13) のような F 統計量を計算する（N はサンプルサイズである）。

$$F_i = \frac{(\text{RSS}_i^{(0)} - \text{RSS}_i^{(1)})/(\text{df}^{(1)} - \text{df}^{(0)})}{\text{RSS}_i^{(1)}/(N - \text{df}^{(1)})} \tag{5.13}$$

そして，F_i が閾値以上になるような座標が密集している領域を発現変動領域候補としてバンプ探索（bump hunting）[†2] により列挙する。その上で，ある変動領域候補 R_k に対して $S_k = \sum_{j \in R_k} F_j$ を計算し，パーミュテーション検定により構築した S_k の帰無分布から有意性を評価し，発現変動領域を推定している。

┌─ コーヒーブレイク ─┐

発現データに限らず，ゲノムの座標軸が重要になるようなデータ，つまり系列データを取り扱う上で，隠れマルコフモデルが役に立つことが多い。バイオインフォマティクスにおいては，DNA 配列から遺伝子構造を推定したり[62]，エピゲノムデータからプロモーターなどの領域を推定するなど[63]，さまざまな配列解析でその有用性が示されている。トランスクリプトーム解析より他の配列解

[†1] 正確には，その後に経験的に p-value を求めるための手続きなどが存在する。
[†2] 今回の問題設定ではゲノムの座標方向の一次元上に 0 と 1 が存在し，1 が密集している配列領域を検出する問題だが，一般には高次元空間上に 0 と 1 が存在し，1 の密度が濃い領域を抜き出すような問題設定をバンプ探索と呼ぶ。

析で用いられることが多いため，詳しい説明は他書に譲るとする。なお，バイオインフォマティクスの文脈では『バイオインフォマティクスのための人工知能入門』[64] などをお勧めし，理論などを詳しく知りたい読者は PRML[48] などの機械学習の書籍を読むことをお勧めする。

また，derfinder の二つ目の F 統計量による変動領域の検出手法は，DNA メチル化が変化している領域（differentially methylated region）を見つけるという，論文の著者らのグループがエピゲノム解析のために開発したアルゴリズムをほぼそのまま採用したものである。このように，一見すると異なる生命現象に対して開発されたアルゴリズムであっても，同様の性質を持つデータに対しては同じようなアルゴリズムを採用することができる。したがって，バイオインフォマティクスにおけるさまざまな問題設定とそれに対するアルゴリズムを理解することで，新しい問題に対して，すぐに解析アルゴリズムを考えられる力が身につくと期待される。

5.5 バイアスの補正

RNA-seq データはサンプルごとに総リード数（ライブラリサイズ）が異なり，これが発現量の比較においてバイアスとなることが知られている。したがって，何かしらの手法でサイズファクターを調整することが望ましい。また，実験を行った場所（研究室）や日時，さらにはシークエンサーの何回目の出力かなどのさまざまな要因によって，RNA-seq データにバラツキが生じると言われている。このようなバラツキはバッチ効果（batch effect）と呼ばれ，生物学的に意味のある発現変動を定量する上でこれらの非生物学的な要因によるバラツキを補正することが必要となる。本節では，ライブラリサイズを補正するアプローチを先に二つ紹介し，その後にバッチ効果補正に使われるアプローチを一つ紹介する。

5.5.1 TMM 正規化

ある二つのサンプルの発現量を比較したとき，すべての遺伝子の発現量が

変化しているとは生物学的には考えづらい。例えば，**ハウスキーピング遺伝子**（housekeeping gene）などの多くの細胞に共通して必要とされるような遺伝子は，共通してほぼ一定量発現していると考えられている。したがって，そのような遺伝子の発現量が二つのサンプルで同等になるような変換を行うことで，正規化することができる。そのような手法として，**TMM 正規化**（trimmed mean of M values normalization）と呼ばれるものが有名である。TMM 正規化では，k と r の二つのサンプルにおける対数発現変動と平均発現量を式 (5.14) のように定義している。

$$M_{gk}^r = \log_2 \frac{\boldsymbol{Y}_{gk}/N_k}{\boldsymbol{Y}_{gr}/N_r} = \log_2(\boldsymbol{Y}_{gk}/N_k) - \log_2(\boldsymbol{Y}_{gr}/N_r),$$

$$A_{gk}^r = \frac{\log_2(\boldsymbol{Y}_{gk}/N_k) + \log_2(\boldsymbol{Y}_{gr}/N_r)}{2} \tag{5.14}$$

ここで，$\boldsymbol{Y}_{gk}$ はサンプル k，遺伝子 g のリードカウントデータ，N_k はサンプル k の総リード数とする。

仮に，あるハウスキーピング遺伝子 g の発現量が一定であると仮定すると，$M_{gk}^r = 0$ となることが望ましい。そこで TMM 正規化では，M_{gk}^r の値が上下 x%以内の遺伝子または A_{gk}^r の値が上下 y%以内のものを除いた遺伝子のセット G^* を，発現量がほぼ一定であると想定できる遺伝子セットと仮定し，正規化している†。このような遺伝子セット G^* を用い，式 (5.15) のような平均値によって正規化定数 TMM_k^r を求める。

$$\log_2(\mathrm{TMM}_k^r) = \frac{\sum_{g \in G^*} M_{gk}^r}{|G^*|} \tag{5.15}$$

ここで，式 (5.16) のように補正した M_{gk}^r を新たに考えると，遺伝子セット G^* に関しては平均的には $M_{gk}^r \simeq 0$ となる。

$$M_{gk}^r = \log_2(\boldsymbol{Y}_{gk}/N_k) - \log_2(\boldsymbol{Y}_{gr}/N_r) - \log_2(\mathrm{TMM}_k^r) \tag{5.16}$$

これはすなわち，サンプル k のデータ $\boldsymbol{Y}_{gk}/N_k$ を TMM_k^r で割ることにより，サンプル r に対し正規化できることを意味している。

---

† 原著論文[65]では $x = 30$，$y = 5$ としている。

なお，上記の式 (5.15) では単純な平均を用いて補正をしているが，実際には以下の式 (5.17) による M_g^k の重み付き平均を用いて正規化定数 TMM_k^r を求めている[†]。

$$w_{gk}^r = \frac{N_k - \boldsymbol{Y}_{gk}}{N_k \boldsymbol{Y}_{gk}} + \frac{N_r - \boldsymbol{Y}_{gr}}{N_r \boldsymbol{Y}_{gr}},$$

$$\log_2(\mathrm{TMM}_k^r) = \frac{\sum_{g \in G^*} w_{gk}^r M_{gk}^r}{\sum_{g \in G^*} w_{gk}^r} \tag{5.17}$$

ここまで説明したように，M_{gk}^r の値を上下 30 ％以内とするなどの操作により「発現変動していない遺伝子」候補を抽出し，それらの値が一致するように発現量を TMM 正規化している。二つのサンプルでそれぞれ特異的に高発現する遺伝子の数が同程度という「対称性」があるときはこのような想定がうまく機能するのに対し，一方のサンプルに高発現遺伝子が大きく偏っているという発現変動遺伝子が非対称に存在する場合には正規化が失敗する可能性が報告されている。これは，「発現変動していない遺伝子」の候補を M_{gk}^r の値が上下 30 ％以内といった指標では正しく選べないことに起因する。このような状況に対処すべく，正規化と発現変動解析を行い，その結果から「発現変動していない遺伝子」候補を選び，それらの遺伝子を用いて再び正規化を行って発現変動解析を行うといった操作を繰り返すことで，「発現変動していない遺伝子」候補とそれを用いた正規化を行う DEGES という手法も提案されている[66]。

5.5.2 quantile 正規化

quantile 正規化（quantile normalization）と呼ばれるアプローチ[67]では以下のように，1 サンプル中での発現量に基づき遺伝子を順位づけし，複数サンプル間での同一順位の遺伝子の発現量に基づき元の発現量を補正する（**図 5.6**）。

1. 遺伝子数 × サンプル数の G 行 N 列の発現量行列を $\boldsymbol{X}$ とする。
2. サンプル（列）ごとに $\boldsymbol{X}$ をソートしたものを $\boldsymbol{X}_{\mathrm{sort}}$ とする。
3. $\boldsymbol{X}_{\mathrm{sort}}$ の各行に対し平均値を計算し，その行の全要素に，求めた平均値

[†] この重み M_g^k は分散を近似計算したものの逆数である。

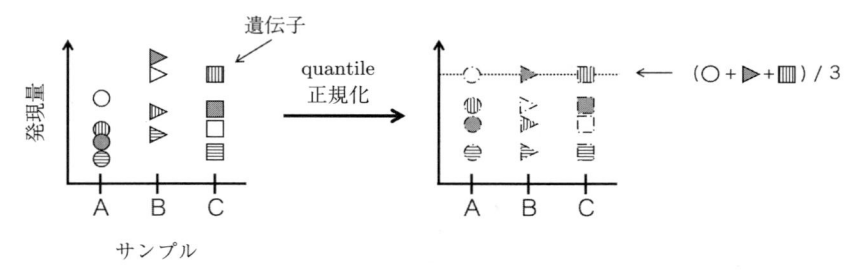

図 **5.6**　quantile 正規化の概要図

　を代入した行列 $\boldsymbol{X}'_{\mathrm{sort}}$ を作成する。

4. $\boldsymbol{X}'_{\mathrm{sort}}$ の各サンプルの遺伝子の並びを，元の行列 $\boldsymbol{X}$ に戻した行列 $\boldsymbol{X}_{\mathrm{normalized}}$
   を導出する。

　このような操作により，同一サンプル内で遺伝子の発現量の大小関係の順位を変えることなく，一方でサンプル間では遺伝子全体の発現量の分布が完全に一致するように補正された発現量行列 $\boldsymbol{X}_{\mathrm{normalized}}$ を導出することができる。ただし，実際の操作としては，あるサンプルの「ある遺伝子」の発現量が，他のサンプルの「別の遺伝子」の発現量を用いて補正しているわけであり，奇妙に感じる人もいるだろう。

5.5.3　モデルに基づく正規化

　マイクロアレイデータにおける発現量の正規化法として提案され，RNA-seq データの正規化に対しても同様に用いられる手法の一つに，ComBat と呼ばれる手法が存在する[68]。ComBat では，生物学的に意味のある発現量やバッチ効果，ノイズなどの影響が足されたものとして観測された発現量をモデル化し，データからパラメータを推定する。その上で，バッチ効果の項を取り除く変換を行うことで正規化している。ここでは，RNA-seq データに特化して改良された ComBat-Seq[69] に基づいて解説する。

　ComBat-Seq では，遺伝子 g，サンプル j，バッチ i に相当する発現量カウントを $\boldsymbol{Y}_{gij}$ とし，これが平均 μ_{gij}，分散 $\mu_{gij} + \phi_{gi}\mu_{gij}^2$ となる負の二項分布に従うと仮定している。そして，以下の式 (5.18) のように平均パラメータ μ_{gij} を

モデル化している。

$$\log \mu_{gij} = \alpha_g + \boldsymbol{X}_j \beta_g + \gamma_{gi} + \log N_j \tag{5.18}$$

ここで，α_g はネガティブサンプルにおける発現量カウントの期待値の対数値であり，$\boldsymbol{X}_j \beta_g$ は生物学的に意味のある発現量カウントの変化量の対数値である。簡単のため疾患群と対照群での比較を想定して説明すると，対照群での発現量カウントの期待値を α_g とし，サンプル j が疾患群に所属するときのみ $\boldsymbol{X}_j = 1$，それ以外で $\boldsymbol{X}_j = 0$ となるような計画行列 $\boldsymbol{X}$ を考えることで，β_g が疾患群での発現変化量を表すパラメータとして定式化ができる。また，γ_{gi} はバッチ i における遺伝子 g への影響を表すバッチ効果のパラメータであり，N_j はサンプル j のライブラリサイズ（サンプル j における全遺伝子のカウントの和）である。

ComBat-Seq ではまず，上述のパラメータをデータから最適化したのち，式 (5.19) のような変換をすることでバッチ効果を除去した負の二項分布へ変換している†。

$$\log \mu_{gj}^* = \log \hat{\mu}_{gij} - \hat{\gamma}_{gi},$$
$$\phi_g^* = \frac{1}{N_{\text{batch}}} \sum_i \hat{\phi}_{gi} \tag{5.19}$$

以上の操作により，バッチ効果が取り除かれた，平均 μ_{gj}^*，分散 $\mu_{gj}^* + \phi_g^* \mu_{gj}^{*2}$ となる負の二項分布が導出された。一方で，バッチが除去される前の分布は，平均 $\hat{\mu}_{gij}$，分散 $\hat{\mu}_{gij} + \hat{\phi}_{gi} \hat{\mu}_{gij}^2$ となる負の二項分布である。そこでつぎのステップとして，バッチ除去前の確率分布に基づく確率 $P(y \leq \boldsymbol{Y}_{gij})$ が，バッチ除去後の分布に基づく確率 $P(y \leq \boldsymbol{Y}_{gj}^*)$ でもおおよそ同じ値になるような $\boldsymbol{Y}_{gj}^*$ を数値的に求めることで，バッチ効果を除いた統一した分布における発現カウントである $\boldsymbol{Y}_{gj}^*$ を導出することができる。

各正規化手法には利点・欠点があり，いろいろな方向性から理論的・実験的

---

† N_{batch} はバッチの種類を表す。

に妥当性が検証されている。実験技術の発展に伴いデータの性質自体も刻々と変化し，それに伴いさまざまなバイアス補正手法がいまもつぎつぎと提案されているため，現時点の解析でベストな補正手法が何かを断言することは難しい。

5.6　本章のまとめ

本章では，既知の遺伝子に対して発現変動遺伝子を同定するためのアプローチとして，リードカウントに基づく手法と確率モデルに基づく手法を紹介した。いずれの手法も前章の発現量定量の手法と関連していることから，それらの手法とあわせて理解するといいだろう。また，特定の構造の発現変動を解析するアプローチとして，スプライシングパターンの変化を解析するための手法や，アノテーションに含まれない転写産物の変動を検出するための手法も紹介した。その上で，発現変動解析などにおいて問題となるライブラリサイズやバッチ効果の影響と，それを取り除くための方法を三つほど紹介した。

本章で紹介したアプローチは，あくまで実際に提案されている発現変動解析のアルゴリズムのごく一部である。しかし，その基本的なアイデアを知ることで，改良されたさまざまなアルゴリズムが理解しやすくなるだろう。また，本章ではスプライシングパターンの変化などの特定の現象に特化した手法も紹介した。このほかにもさまざまなパターンの転写構造の変化が存在すると考えられていることからも，本章の知識を基に，これらの現象に特化したアルゴリズムを開発できる術も身につけてもらえれば幸いである。

6 高 次 解 析

　前章では，二群間での各遺伝子の発現量の変化の程度とその有意性を評価する方法を説明した。発現変動解析のつぎのステップとして，得られた発現変動遺伝子のセットがどのような「機能的特徴」を持つかを解析することが挙げられる。発現変動遺伝子に含まれる遺伝名を目で見て解釈することは困難であるが，それらの遺伝子セットの「機能的特徴」がわかれば，二群間における生命現象の本質的な差を理解する手助けとなると期待できる。本章では，さまざまな外部情報を用いて遺伝子セットから機能的な意義などを抽出するアプローチを紹介する。また，遺伝子セットの解析とは別の観点から解析をする，機能的活性をモデル化してデータから推定するアプローチも紹介する。

6.1 「生物学的特徴」を表す遺伝子セット

　ある遺伝子セットがどのような「生物学的特徴」を持つかを解析するためには，そもそも各遺伝子がどのような「生物学的特徴」を持つかという情報が必要である。このような遺伝子の「生物学的特徴」を表す代表的な情報として，**遺伝子オントロジー**（gene ontology；GO）が挙げられる。GO とは，生物学的概念を記述するための共通の語彙を構築するプロジェクトであり，GO により定められた語彙は **GO term** と呼ばれている。GO term は，生物学的プロセス（biological process）・細胞の構成要素（cellular component）・分子機能（molecular function）の三つに大別されるカテゴリーから構成され，生物学的概念を表す共通の語彙がそのカテゴリー以下にさまざまな解像度で階層的に

定められている。例えば，生物学的プロセスのカテゴリには，GO:0002376 の "immune system process" という免疫システム全般に関する上位概念の GO term があり，その下流には GO:0045321 の "leukocyte activation" という白血球の活性化に限定された GO term などが定義されている（図 **6.1**[†1]）。そしてさまざまな研究成果に基づき，これらの GO term に関与する遺伝子セットが紐づけられている [†2]。

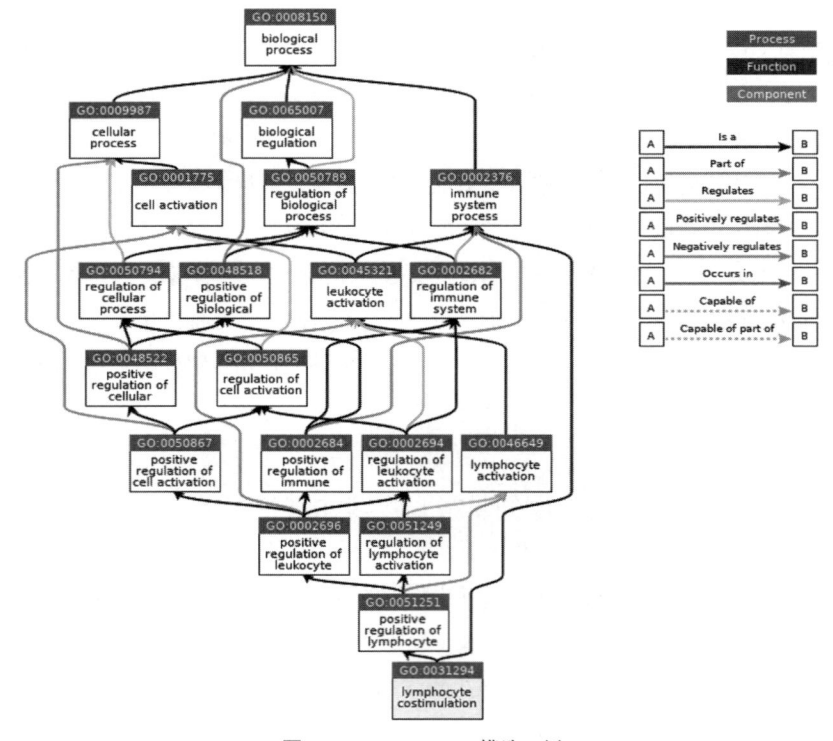

図 **6.1**　GO term の構造の例

[†1]　図から見てとれるように，階層的な構造ではあるが木構造ではなく複数の上位概念を親と持つような下位概念が存在する。また，上位概念との関係には，"Is a" や "Regulates" といった各概念の関係もアノテーションされている。なお，この図は QuickGO （https://www.ebi.ac.uk/QuickGO/）からダウンロードしたものである。

[†2]　これは個々の遺伝子に対し複数の GO term が紐づけられていると考えることもできる。

GO 以外にも，特定の代謝経路やシグナル経路とそれに関与する遺伝子セットを紐づけを行っているプロジェクトとしては **KEGG PATHWAY Database**や **Reactome Pathway Database** などが知られている。例えば，ヒトのシグナル経路で幹細胞の分化多能性の制御を担うものとして KEGG PATHWAYでまとめられている "Signaling pathways regulating pluripotency of stem cells（hsa04550）" には，POU5F1，SOX2，KLF4，MYC[†] などの遺伝子が紐づいている。そのほかにも，組織特異的な発現を示す遺伝子セットや，特定の転写因子や miRNA の制御対象となる遺伝子セットなど，さまざまな生物学的機能に応じた遺伝子セットがさまざまなプロジェクトによってデータベース化されている。これらの生物学的特徴とそれらに対応する遺伝子セットを収集したデータベースとしては，**MSigDB**（Molecular Signatures Database）が有名である。

6.2 エンリッチメント解析

6.2.1 over-representation analysis

ここではまず，有意に発現変動していると判断された遺伝子セットの中に，特定の生物学的特徴が「濃縮しているか」を検定するアプローチである，**ORA**（over-representation analysis）を紹介する（**図 6.2**）。ここでは，ある GO term（以降は GO:id と記述する）に対して ORA を行うことを想定して説明する。ここで，全遺伝子数を N とし，発現変動すると見なした遺伝子セットに含まれる遺伝子数を X，GO:id に含まれる遺伝子数を n とする。また，X 遺伝子中でGO:id に含まれる遺伝子数を x とすると，それぞれに含まれる遺伝子の数と含まれない遺伝子の数はつぎのクロス集計表（**表 6.1**）で書き表せられる。

表 6.1 のようなクロス集計表に対し，例えば GO:id に含まれる遺伝子の割合が，発現変動遺伝子に含まれる遺伝子セットと含まれない遺伝子セットの間で

[†] これらは山中因子と呼ばれる，体細胞をリプログラミングする因子に対応する遺伝子である。

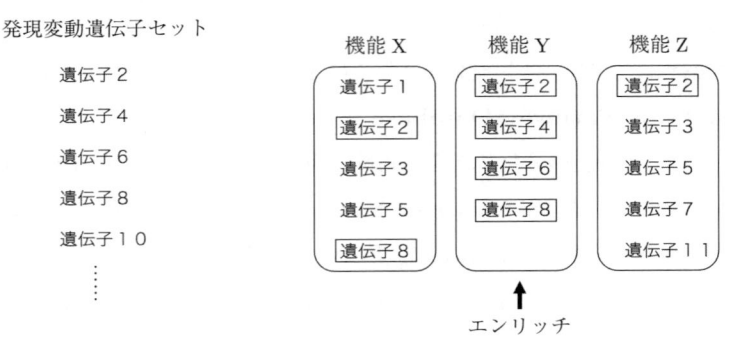

図 **6.2** ORA のイメージ図

表 **6.1** クロス集計表

	GO:id に含まれる	GO:id に含まれない	合 計
発現変動遺伝子に含まれない	$n - x$	$(N - n) - (X - x)$	$N - X$
発現変動遺伝子に含まれる	x	$X - x$	X
合 計	n	$N - n$	N

差がないという帰無仮説に基づき，超幾何分布に基づく式 (6.1) による検定であるフィッシャーの**正確確率検定**（Fisher's exact test）を行うことで，発現変動遺伝子に含まれる遺伝子セットに GO:id に関与する遺伝子がエンリッチしているかを検定することができる[†]。

$$p = \sum_{i=x}^{\min(n,X)} \frac{{}_n\mathrm{C}_i \times {}_{N-n}\mathrm{C}_{X-i}}{{}_N\mathrm{C}_X} \tag{6.1}$$

したがって，それぞれの GO term に対してこのような検定を行うことで，発現変動遺伝子セット中に有意に濃縮される GO term を見つけることができる。ただし，各 GO term に対しそれぞれ検定を行っているため，検定結果に対しては何かしらの多重検定補正（multiple test correction）を行う必要がある。

このようにして検出された有意性の高い（*p*-value の小さい）GO term を調べることで，二群間の違いの本質に迫ることができ，より詳細な解析や作業仮説の構築，今後の実験計画への足がかりになると期待される。

[†] ほかにも，二項検定などを用いてエンリッチしているかを同様に検定することができる。

6.2.2 gene set enrichment analysis

ORA におけるアプローチは計算も簡単で解釈もしやすいという利点がある。一方で，何かしら恣意的な閾値によって事前に発現変動遺伝子のセットを決める必要が ORA にはあり，この恣意的な閾値が結果に影響を与える可能性があることが問題点として挙げられる。例えば，発現変動解析で p-value が小さいものから上位 1 000 遺伝子を抽出したとする。このとき，ある GO term に関与するほとんどの遺伝子が，上位 1 000 遺伝子には含まれないものの発現変動していたとしても，その GO term が ORA で検出されることはない。逆に，上位 100 遺伝子に，ある GO term に関与する遺伝子が濃縮していたとしても，上位 1 000 位までの遺伝子セットに対して ORA を行うと，その GO term の有意性は下がり検出されなくなる可能性もある。このような閾値の問題を解決すべく，発現変動の度合いから遺伝子をランクづけし，ランクの上位にある GO term に関与する遺伝子が濃縮しているかを閾値を設定することなく定量するアプローチとして **GSEA**（gene set enrichment analysis）という解析手法が提案されている。

GSEA では，発現変動解析の有意性の結果などでランクづけした上で，**アルゴリズム 6.1** のような手続きで ES（enrichment score）を求める[70]（**図 6.3**）。この ES は，ノンパラメトリックな検定である**コルモゴロフ-スミルノフ検定**（Kolmogorov-Smirnov test）におけるコルモゴロフ-スミルノフ統計量（standard Kolmogorov-Smirnov statistic）そのものである。そして，この ES の有

アルゴリズム 6.1 GO:id に対する ES の計算手順[70]

1: // N, N_H はそれぞれ全遺伝子数と，GO:id に含まれる遺伝子数とする。
2: RES(0) $= 0$
3: **for** $i = 1$ to N **do**

$$\mathrm{RES}(i) = \begin{cases} \mathrm{RES}(i-1) + \sqrt{(N - N_H)/N_H}, & \text{if } i \text{ 番目の遺伝子が GO:id に含まれる} \\ \mathrm{RES}(i-1) - \sqrt{N_H/(N - N_H)}, & \text{それ以外のとき} \end{cases}$$

4: **end for**
5: return $\max_i \mathrm{RES}(i)$

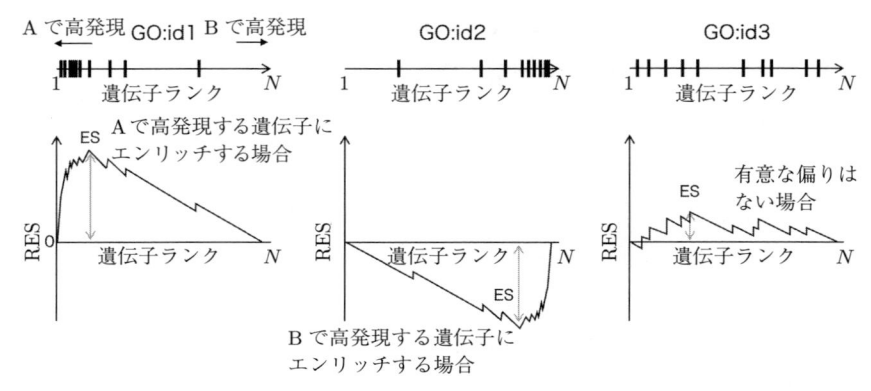

図 **6.3**　GSEA における ES の概念図

意性（p-value）は，サンプルラベルをシャッフルし発現変動解析して ES を求めるという操作を繰り返して求めた，ES の経験的な帰無分布に基づき算出される。余談だが，全遺伝子を含む最終的な RES（runnning enrichment score）では，$\mathrm{RES}(N) = 0$ が成立している（$\mathrm{RES}(N) = 0$ が成立するように設計されているとも言える）。

なお，上記手法を基盤にさまざまな改良手法が提案されており，例えば重み付けした統計量（weighted Kolmogorov-Smirnov-like statistic）を用いた手法ではアルゴリズム **6.2** のような計算が行われる[71]。この手法では，二群間での発現比に従って遺伝子をランクづけし，i 番目の遺伝子の発現比を r_i としたとき，

アルゴリズム 6.2　　GO:id に対する ES の計算手順[71]

1: $//p$ は重みの効果で，原著論文では $p = 1$ を採用。$p = 0$ で重みなし。

2: $N_R = \displaystyle\sum_{i \in \mathrm{GO:id}} |r_i|^p$

3: $\mathrm{RES}(0) = 0$

4: **for** $i = 1$ to N **do**

$$
\mathrm{RES}(i) = \begin{cases} \mathrm{RES}(i-1) + |r_i|^p / N_R, & \text{if } i \text{ 番目の遺伝子が GO:id に含まれる} \\ \mathrm{RES}(i-1) - 1/(N - N_H), & \text{それ以外のとき} \end{cases}
$$

5: **end for**

6: return $\displaystyle\max_i \mathrm{RES}(i)$

発現比の重み付きで順序統計量のようなものを計算している。こちらの定義においても，全遺伝子を含む最終的なスコアでは $\mathrm{RES}(N) = 0$ が成立している。なお，原著論文[71] では興味のある形質が連続量である場合を想定し，連続形質と発現量の相関係数で遺伝子をランクづけし，相関係数を r_i とした場合において GSEA を行う想定のもとで説明がなされる。このような理論的背景を理解することで，単に二群間の発現変動解析の下流の解析としてのみではなく，相関解析などを組み合わせ，場面に合わせた応用ができるようになると期待できる。

6.3　レギュロン解析

　ここまでは，興味のある遺伝子セットにどのような「生物学的特徴」が濃縮しているかをエンリッチメント解析によって明らかにするアプローチを紹介した。ここからは，転写因子や制御モチーフといった遺伝子発現の制御における上流因子（レギュロン）に着目した解析手法である**レギュロン解析**（regulon analysis）を紹介する（**図 6.4**）。レギュロン解析では，レギュロンの活性によって遺伝子発現が制御される過程をモデル化し，データからパラメータを最適化することで活性などを定量化している。ここまでのエンリッチメント解析と比べると，このようなモデル化によるアプローチは時系列情報などを組み込む拡張が比較的容易であることも利点に挙げられる。

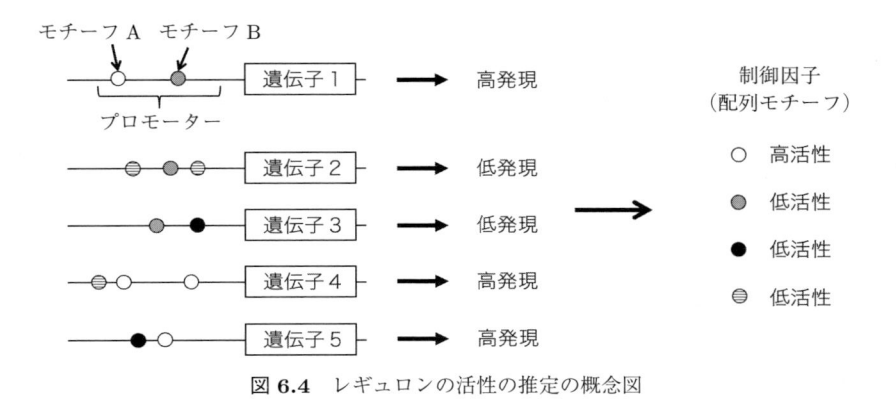

図 6.4　レギュロンの活性の推定の概念図

6.3.1 MARA

まずはじめに，制御配列モチーフの活性を予測する手法である **MARA**（motif activity response analysis）を紹介する。MARA では，各遺伝子の発現制御を担うと考えられる**プロモーター**（promoter）に着目し，そのプロモーター配列に含まれる配列モチーフを基準に活性を予測している。プロモーターとは，一般的には遺伝子の上流に存在し，その遺伝子の発現を制御する機能を持つ DNA 領域のことである。そしてその制御の実態は，プロモーターに何らかの**転写因子**（transcription factor；TF）が結合し，それに伴い下流の遺伝子の転写が活性化されるといったものである。このとき，転写因子は何かしら特異的な配列（配列モチーフ）を認識し結合すると考えられている[†1]。したがって，配列モチーフの制御活性とは，おおよそ転写因子に対応するようなものだと考えてよい[†2]。実際に MARA が用いられた初めての論文では，転写因子の結合モチーフに限って配列モチーフの活性を予測している[72]。なお，転写因子と配列モチーフの対応関係は精力的に研究されており，JASPAR や TRANSFAC などのデータベースに集積されている。

MARA では，サンプル s におけるプロモーター p の正規化した活性を $\boldsymbol{X}'_{ps}$ としたとき，式 (6.2) のようにモチーフの活性の線形結合として $\boldsymbol{X}'_{ps}$ をモデル化している。なお，ここではプロモーターの活性としているが，これはプロモーターに対応する遺伝子の発現量といった観測値に基づく値と考えてよい。

$$\boldsymbol{X}'_{ps} = \sum_m N'_{pm} \boldsymbol{A}'_{ms} + \epsilon \tag{6.2}$$

ここで，N'_{pm} はプロモータ p 中に存在するモチーフ m の数を正規化したもので，$\boldsymbol{A}'_{ms}$ がサンプル s におけるモチーフ m の正規化された活性を表すパラメータである。また，観測値とのズレが ϵ であり，MARA ではガウスノイズを想定している。したがって，尤度関数は以下の式 (6.3) となる。

[†1] ただし，配列モチーフには曖昧性があり，必ずしも一対一対応するわけではない。そのような曖昧性を考慮して，配列モチーフは PWM（position weight matrix）で表現されることが多い。

[†2] もちろん，転写因子に対応しない異なるメカニズムによる制御モチーフも存在する。

$$P(\boldsymbol{X}'|\boldsymbol{A}', N, \sigma) \propto \sigma^{-PS} \exp\left(-\frac{\sum_{p,s}(\boldsymbol{X}'_{ps} - \sum_m N'_{pm}\boldsymbol{A}'_{ms})^2}{2\sigma^2}\right)$$

$$(6.3)$$

ここで，P と S はそれぞれプロモーターの総数とサンプルの総数である。このようなモデルと最尤推定に基づき，データからパラメータを最適化することで，モチーフの活性を求めている[†1]。

6.3.2 SCENIC

つぎに，転写因子の制御ネットワークと活性を同時に推測するアプローチである **SCENIC**（single-cell regulatory network inference and clustering）を紹介する[73]。なお，SCENIC は本書の 9 章で紹介する「**1 細胞 RNA-seq**（single-cell RNA-sequencing）」を解析するために開発されたソフトウェアであるが，そのモデルや考え方は 1 細胞解析に限定されないため，本章にて紹介する。先の MARA 解析では，プロモーター配列に特定の転写因子の結合モチーフが存在する場合，その転写因子の制御対象候補と見なしてモデル化していた。SCENIC ではまず，遺伝子の共発現の情報などに基づき，複数サンプルの発現量データから転写因子とその制御対象遺伝子の制御関係の構造（転写制御ネットワーク）を推定している[†2]。ついで，推定された転写因子-遺伝子の制御ペアにおいて，実際にその遺伝子のプロモーターに転写因子の結合モチーフが存在するものだけを抽出し，これをある転写因子とその制御遺伝子セットをまとめて一つのレギュロンと見なしている。そして，あるサンプル s のあるレギュロン r の活性を以下の手順で計算し[†3]，それらをすべてのサンプルとレギュロンでそれぞれ計算し，行方向にサンプルを，列方向にレギュロンを並べ各要素に該当するレギュロンの活性を格納したものを Regulon Activity Matrix と呼ん

[†1] 実際の MARA では $\boldsymbol{A}'_{ms}$ に対する事前分布を組み込むなどの工夫がなされている。

[†2] なお，この転写制御ネットワークの推定は GENIE3[74] などの既存のソフトウェアを用いている。

[†3] 原著論文[73] において，このステップは AUCell と呼ばれている。

でいる。

1. サンプル s の発現量に基づいて，遺伝子を降順にソートする。

2. レギュロン r に含まれる遺伝子セットが，上位に濃縮しているかを AUC（area under the curve）を用いて定量化する。

3. 活性として AUC の連続値をそのまま使うか，閾値を決めてバイナリ化する。

このように，単に転写因子の発現量そのものを見るのではなく，その制御遺伝子も踏まえた上で活性の高い転写因子を調べることで，そのサンプルで重要な役割を担っている転写因子を発見できると期待される。その上で，Regulon Activity Matrix に対し 7・8 章で説明する次元圧縮やクラスタリングなどの解析にもつなげることができる。このように，個々の遺伝子の発現量からレギュロンというメタな遺伝子の活性に変換して解析することは，さまざまなノイズに対処する上でも有効なアプローチであるという主張もある。特に，大量のサンプル（細胞）のシークエンシングする 1 細胞 RNA-seq では，個々のサンプルに割り当てられるリード数が少なくなるなどの要因により，各遺伝子の発現量は欠測値が多くなりノイジーになることが知られている。そのような場合に，1 遺伝子レベルで見るのではなくレギュロンという単位にまとめることで，ノイズを減らす意味合いでも有効なアプローチだと期待される。

6.4　本章のまとめ

本章では，遺伝子の発現量や発現変動遺伝子のセットから，生物学的特徴などの本質的な情報を抽出するためのさまざまなアプローチを紹介した。それぞれのアプローチで用いられているモデルや手法は異なるものの，その本質的な目的意識には共通するものが多い。これらの中でどのアプローチが最もよいかを断言することはできないが，本質的な考え方を理解することで，単にこれらのアルゴリズムを利用するだけでなく，より優れたアプローチへと昇華することが望まれる。

7 次 元 圧 縮

　トランスクリプトームデータは，例えばヒトでは1サンプル当り約2万遺伝子次元の発現量ベクトル，転写産物レベルにするとさらに高次元な発現量ベクトルから構成されるという，高次元なデータである。したがって，一つひとつの遺伝子の発現量の分布を可視化し目視で確認することは非常に大変であり，さらには複数の遺伝子の発現量の関係となると，それらの散布図をすべて目視で確認することはもはや非現実的である。このような高次元データからその背後に潜む生物学的な構造を捉えるためのアプローチとして，高次元データを低次元空間へと埋め込む**次元圧縮**（dimension reduction）が非常に有効である（**図 7.1**）。

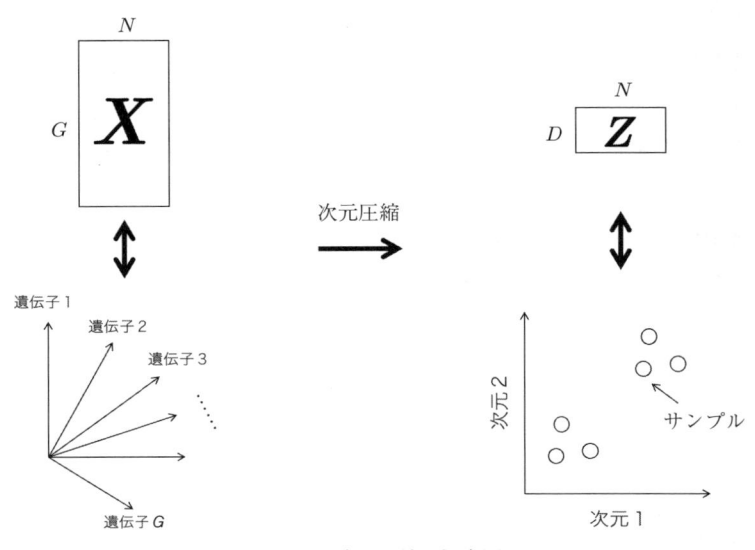

図 **7.1**　次元圧縮の概念図

本章では，次元圧縮の中でも基礎的な手法である主成分分析やラプラシアン固有マップから，応用的な手法である t-SNE，さらには近年注目を集めているポアンカレ埋め込みにわたり，その背後にある考え方とその数理，およびそれらの特徴を説明する。

7.1　層別化医療と次元圧縮・クラスタリング

　これまでの医療行為においては，ある疾患の患者に対しては，同じ治療や投薬を行う「画一的な治療」がなされることが多かった。しかし，表面的には同じような疾患であっても，実態としては複雑で多様であることがわかってきた。例えば，同じ乳がんであっても，遺伝子発現のパターンによっていくつかの**サブタイプ**（subtype）に分類でき，さらにそれぞれのサブタイプで有効な抗がん剤が異なることがわかってきている[75]。したがって，サブタイプ特異的発現をする遺伝子といった**バイオマーカー**（biomarker）を用いて患者の乳がんのサブタイプを分類し，そのサブタイプに合わせて適切な治療法を選択するといった**層別化医療**（stratified medicine）が行われるようになった。このような疾患の層別化は多くの疾患に当てはまる事象だと想定され，サブタイプごとの治療薬などの開発を含め一層の研究が求められる†。

　このような疾患の層別化をはじめ，背後に潜む複雑で多様な構造を解明したいことは生物学研究ではよくあることである。層別化をはじめとする背後の構造を理解するための方法論としては，次元圧縮やクラスタリングが利用されることが多い。本章では次元圧縮に関して，次章ではクラスタリングに関して，一般的な理論を解説する。

---

† 究極的には，遺伝情報や発現情報などに基づいて，患者ごとに最適な治療を選択するプレシジョン・メディシン（精密医療）を実現することが望まれる。

7.2 主 成 分 分 析

　次元圧縮において最も有名な手法として，**主成分分析**（principal component analysis；PCA）が挙げられる。主成分分析はシンプルながら，その解釈性の高さや計算の容易さから，現在最も利用されている次元圧縮法と言っても過言ではない。また拡張性も高く，主成分分析を基盤にした多くの派生手法が研究・開発されている。以上の観点から，主成分分析の数理を理解することが，次元圧縮の「こころ」を理解する上での重要な一歩になると期待される。

　ここでは，縦方向に遺伝子，横方向にサンプルが並んだ $G \times N$ の発現量行列を X とし，あるサンプル i の発現量ベクトルを x_i と表すことにする[†1]。一般的に遺伝子数 G は大きく，1万のオーダーの数であり[†2]，x_i はいわゆる高次元データである。このような高次元データ x_i を，低次元なベクトル z_i に対して W_i の線形結合をとった $W z_i$ で近似することを PCA は想定している。ここで，W は $G \times D$ 次元の行列で，z_i は D 次元のベクトルである（$G \gg D$）。ただし，W は縦ベクトルが正規直交基底という制約があるとする[†3]。

　PCA では，先述のような低次元な部分空間で元の高次元空間のデータを表せることが，よい低次元表現だと考えている。そこで，式 (7.1) のような二乗誤差を目的関数とし，その最小化問題を解く。

$$J(W, Z) = \frac{1}{N} \sum_{i=1}^{N} \|x_i - W z_i\|^2 \tag{7.1}$$

　まずは簡単のため，$D = 1$ の場合を考える。この場合の目的関数は式 (7.2) のようになる。なお，z_{i1} はスカラ，W_1 はベクトルを表す。

$$J(W, Z) = \frac{1}{N} \sum_{i} (x_i - W_1 z_{i1})^{\mathrm{T}} (x_i - W_1 z_{i1})$$

[†1] x_i などのベクトルはすべて縦ベクトルとする。
[†2] さまざまな転写産物を含めるとこの数はさらに大きくなる。
[†3] つまり $W^{\mathrm{T}} W = I$ とする。なお，I は単位行列である。

$$= \frac{1}{N}\sum_i (\boldsymbol{x}_i^{\mathrm{T}}\boldsymbol{x}_i - 2z_{i1}\boldsymbol{W}_1^{\mathrm{T}}\boldsymbol{x}_i + z_{i1}^2\boldsymbol{W}_1^{\mathrm{T}}\boldsymbol{W}_1)$$

$$= \frac{1}{N}\sum_i (\boldsymbol{x}_i^{\mathrm{T}}\boldsymbol{x}_i - 2z_{i1}\boldsymbol{W}_1^{\mathrm{T}}\boldsymbol{x}_i + z_{i1}^2) \tag{7.2}$$

したがって，その z_{i1} による微分は式 (7.3) のようになる。

$$\frac{\partial J(\boldsymbol{W}, \boldsymbol{Z})}{\partial z_{i1}} = -2\boldsymbol{W}_1^{\mathrm{T}}\boldsymbol{x}_i + 2z_{i1} \tag{7.3}$$

ここで $\partial J(\boldsymbol{W}, \boldsymbol{Z})/\partial z_{i1} = 0$ を考えると，式 (7.4) の関係を導くことができる。

$$z_{i1} = \boldsymbol{W}_1^{\mathrm{T}}\boldsymbol{x}_i \tag{7.4}$$

これを元の目的関数の式 (7.2) に代入すると，式 (7.5) が得られる。

$$J(\boldsymbol{W}, \boldsymbol{Z}) = \frac{1}{N}\sum_i (\boldsymbol{x}_i^{\mathrm{T}}\boldsymbol{x}_i - 2z_{i1}z_{i1} + z_{i1}^2)$$

$$= \frac{1}{N}\sum_i (\boldsymbol{x}_i^{\mathrm{T}}\boldsymbol{x}_i - z_{i1}^2)$$

$$= -\frac{1}{N}\sum_i z_{i1}^2 + \mathbf{const.} \tag{7.5}$$

ここで，元の発現量が平均 0 になるよう事前に正規化していたとすると [†]，式 (7.6) の性質が成り立つ。

$$\mathbb{E}[z_{i1}] = \mathbb{E}[\boldsymbol{W}_1^{\mathrm{T}}\boldsymbol{x}_i] = \boldsymbol{W}_1^{\mathrm{T}}\,\mathbb{E}[\boldsymbol{x}_i] = 0,$$

$$\mathbb{V}[z_{i1}] = \mathbb{E}[z_{i1}^2] - (\mathbb{E}[z_{i1}])^2 = \mathbb{E}[z_{i1}^2] = \frac{1}{N}\sum_{i=1}^{N} z_{i1}^2 \tag{7.6}$$

以上のことから，式 (7.5) と式 (7.6) の結果を合わせて解釈すると，目的関数 J の最小化は $\boldsymbol{Z}$ の分散の最大化，すなわち低次元空間への写像後の分散の最大化と見なせる。PCA は分散を最大化する軸を新たに作るという説明を聞いたことがあるかもしれないが，これは以上のような関係が成り立つからである。

[†]　すべての遺伝子 g に対して $\mathbb{E}[x_{ig}] = 0$ となるように正規化する。

　つぎに，$\boldsymbol{W}_1$ の最適化を考える。J から定数項を除いた目的関数を J' とすると，これまでの関係から式 (7.7) のように式変形をすることができる。

$$
\begin{aligned}
J' &= -\frac{1}{N} \sum_i \boldsymbol{z}_{i1}^2 \\
&= -\frac{1}{N} \sum_i \boldsymbol{W}_1^{\mathrm{T}} \boldsymbol{x}_i \boldsymbol{x}_i^{\mathrm{T}} \boldsymbol{W}_1 \\
&= -\boldsymbol{W}_1^{\mathrm{T}} \left(\frac{1}{N} \sum_i \boldsymbol{x}_i \boldsymbol{x}_i^{\mathrm{T}} \right) \boldsymbol{W}_1 \\
&= -\boldsymbol{W}_1^{\mathrm{T}} \tilde{\Sigma} \boldsymbol{W}_1
\end{aligned}
\tag{7.7}
$$

ただし，$\tilde{\Sigma}$ はデータの分散共分散行列とする。ここで，$\boldsymbol{W}$ に正規性の制約があるため，ラグランジュの未定乗数法により以下の式 (7.8) の最適化を考える。

$$
\tilde{J} = -\boldsymbol{W}_1^{\mathrm{T}} \tilde{\Sigma} \boldsymbol{W}_1 + \lambda_1 (\boldsymbol{W}_1^{\mathrm{T}} \boldsymbol{W}_1 - 1)
\tag{7.8}
$$

したがって，パラメータ $\boldsymbol{W}_1$ に対する微分は，式 (7.9) のようになる[†]。

$$
\frac{\partial \tilde{J}}{\partial \boldsymbol{W}_1} = -2\tilde{\Sigma} \boldsymbol{W}_1 + 2\lambda_1 \boldsymbol{W}_1
\tag{7.9}
$$

よって，$\partial \tilde{J}/\partial \boldsymbol{W}_1 = 0$ を解くことで，式 (7.10) の関係が求まる。

$$
\tilde{\Sigma} \boldsymbol{W}_1 = \lambda_1 \boldsymbol{W}_1
\tag{7.10}
$$

これは $\tilde{\Sigma}$ に対する固有値・固有ベクトルの関係そのものであり，$\boldsymbol{W}_1$ は $\tilde{\Sigma}$ の固有ベクトルで，λ_1 はそれに対応する固有値であることがわかる。また，式 (7.10) に左から $\boldsymbol{W}_1^{\mathrm{T}}$ を掛けると $\boldsymbol{W}_1^{\mathrm{T}} \tilde{\Sigma} \boldsymbol{W}_1 = \lambda_1$ となることから，$J = -\lambda_1 + \mathbf{const.}$ となることがわかる。以上のことから，J を最小化するのは λ_1 が最大のとき，つまり $\tilde{\Sigma}$ の最大固有値で，$\boldsymbol{W}_1$ はその固有ベクトルとなる。

　つぎに，$D = 2$ である $\boldsymbol{W}_1 \boldsymbol{z}_{i1} + \boldsymbol{W}_2 \boldsymbol{z}_{i2}$ の場合を考える。このとき，目的関数は直交性（$\boldsymbol{W}_1^{\mathrm{T}} \boldsymbol{W}_2 = 0$）を用いると，式 (7.11) のように変形できる。

[†]　ベクトルや行列の微分に関しては『The matrix cookbook』[76] などを参考にしてほしい。なお，こちらは行列演算に関するさまざまな公式がまとまっており，非常に参考になる資料である。

$$J(\boldsymbol{W}, \boldsymbol{Z}) = \frac{1}{N} \sum_i (\boldsymbol{x}_i - \boldsymbol{W}_1 \boldsymbol{z}_{i1} - \boldsymbol{W}_2 \boldsymbol{z}_{i2})^{\mathrm{T}} (\boldsymbol{x}_i - \boldsymbol{W}_1 \boldsymbol{z}_{i1} - \boldsymbol{W}_2 \boldsymbol{z}_{i2})$$

$$= \frac{1}{N} \sum_i (\boldsymbol{x}_i^{\mathrm{T}} \boldsymbol{x}_i - 2 z_{i1} \boldsymbol{W}_1^{\mathrm{T}} \boldsymbol{x}_i - 2 z_{i2} \boldsymbol{W}_2^{\mathrm{T}} \boldsymbol{x}_i + z_{i1}^2 + z_{i2}^2)$$

$$(7.11)$$

したがって，その微分は式 (7.12) となる。

$$\frac{\partial J(\boldsymbol{W}, \boldsymbol{Z})}{\partial \boldsymbol{z}_{ij}} = -2\boldsymbol{W}_j^{\mathrm{T}} \boldsymbol{x}_j + 2 z_{ij} \tag{7.12}$$

そして $\partial J(W, Z)/\partial z_{ij} = 0$ を考えると，式 (7.13) が導かれる。

$$\boldsymbol{z}_{ij} = \boldsymbol{W}_j^{\mathrm{T}} \boldsymbol{x}_i \tag{7.13}$$

これを元の目的関数の式 (7.11) に代入すると，式 (7.14) が得られる。

$$J(\boldsymbol{W}, \boldsymbol{Z}) = -- \boldsymbol{W}_1^{\mathrm{T}} \tilde{\Sigma} \boldsymbol{W}_1 - \boldsymbol{W}_2^{\mathrm{T}} \tilde{\Sigma} \boldsymbol{W}_2 + \mathrm{const.} \tag{7.14}$$

ここで，$\boldsymbol{W}_1$ は $D = 1$ のときと同様に求まるため，つぎに $\boldsymbol{W}_2$ がどうなるかを考える。$\boldsymbol{W}_2$ のときは直交性の制約を新たに考える必要があるため，ラグランジュの未定乗数法により式 (7.15) の最適化を考える。

$$\tilde{J} = -\boldsymbol{W}_2^{\mathrm{T}} \tilde{\Sigma} \boldsymbol{W}_2 + \lambda_2 (\boldsymbol{W}_2^{\mathrm{T}} \boldsymbol{W}_2 - 1) + \lambda_{12} \boldsymbol{W}_2^{\mathrm{T}} \boldsymbol{W}_1 \tag{7.15}$$

したがって，パラメータ $\boldsymbol{W}_2$ に対する微分は，式 (7.16) となる。

$$\frac{\partial \tilde{J}}{\partial \boldsymbol{W}_2} = -2\tilde{\Sigma} \boldsymbol{W}_2 + 2\lambda_2 \boldsymbol{W}_2 + \lambda_{12} \boldsymbol{W}_1 \tag{7.16}$$

つぎに，$\partial \tilde{J}/\partial \boldsymbol{W}_2 = 0$ を解く。この関係式に左から $\boldsymbol{W}_1^{\mathrm{T}}$ を掛けると，式 (7.17) の関係が求まる。

$$-2\boldsymbol{W}_1^{\mathrm{T}} \tilde{\Sigma} \boldsymbol{W}_2 + 2\lambda_2 \boldsymbol{W}_1^{\mathrm{T}} \boldsymbol{W}_2 + \lambda_{12} \boldsymbol{W}_1^{\mathrm{T}} \boldsymbol{W}_1 = -2\boldsymbol{W}_1^{\mathrm{T}} \tilde{\Sigma} \boldsymbol{W}_2 + \lambda_{12} = 0$$

$$(7.17)$$

また，$W_1^{\mathrm{T}}\tilde{\Sigma} = (\tilde{\Sigma}W_1)^{\mathrm{T}} = (\lambda_1 W_1)^{\mathrm{T}} = \lambda_1 W_1^{\mathrm{T}}$ より，$W_1^{\mathrm{T}}\tilde{\Sigma}W_2 = \lambda_1 W_1^{\mathrm{T}}W_2$ $= 0$ となるため，式 (7.17) より $\lambda_{12} = 0$ となることがわかる。したがって，$\partial \tilde{J}/\partial W_2 = 0$ を考えると，式 (7.16) より $-2\tilde{\Sigma}W_2 + 2\lambda_2 W_2 = 0$ となり，結果として式 (7.18) の関係が求まる。

$$\tilde{\Sigma}W_2 = \lambda_2 W_2 \tag{7.18}$$

よって，W_1 のときと同様に，W_2 も $\tilde{\Sigma}$ の固有ベクトルであり，直交性の制約を踏まえ目的関数を最小化するのは 2 番目に大きい固有値に対応する固有ベクトルであることがわかる。以下同様に，D 次元のときはそれぞれ $\tilde{\Sigma}$ の固有ベクトルのうち，固有値が大きいほうから並べたものが W であり，低次元空間は $Z = W^{\mathrm{T}}X$ として求まる。

さて，PCA は分散を最大化する軸を新しく設計しているという説明がよくなされているということに触れたが，本章のような二乗誤差の最小化という視点で PCA を理解しておくことで見えてくることもある。まず，二乗誤差最小化ということで，PCA は基本的にガウスノイズを想定しているということがわかる†。トランスクリプトーム解析においては，発現量データである TPM などの値は右に裾野の長い分布をとり，そのままではガウス分布で表すのは不適切であることがわかる。そのため多くの論文では，$\log(\mathrm{TPM}+1)$ などの対数変換を行った上で PCA を行っている。このような対数変換は，統計学的には $\mathbb{V}[\mu] \propto \mu^2$ の仮定のもとで，分散が平均に依存せず一定であるガウス分布に従う確率変数のように扱うための前処理（変数変換）である分散安定化変換に対応することが知られている[78]。

一方で，本書の 9 章で紹介する 1 細胞 RNA-seq などにおいては特に，対数変換の妥当性への議論も存在する[79]。これらの背景から，TPM などをポアソン分布や負の二項分布でそのままモデル化して次元圧縮を行うというアプローチも提唱されている[80]。このようなガウス分布以外の分布を想定する場合は，

---

† 正確には probabilistic PCA などを説明する必要があるが，本書では割愛し詳細は機械学習の専門書[77]に譲る。

二乗誤差最小化ではなく，それぞれの分布に基づく目的関数の最小化ということになる[†1]。このように，二乗誤差の最小化（さらにはガウス分布を想定した最尤推定）として PCA を理解することは，いろいろな分布を考えたり，新しい制約を自分で加えるなどのモデルの拡張を自身でできるようになる上で，きわめて有効な認識だと言える。

7.3　ラプラシアン行列に基づく次元圧縮

7.3.1　ラプラシアン固有マップ

　主成分分析では，高次元空間を再現できる低次元空間を求めることに主眼を置いていた。本項では，別の観点から次元圧縮を行う手法として，データ間の類似性に基づいて低次元空間を求める手法の一つである**ラプラシアン固有マップ**（Laplacian eigenmap）を紹介する（**図 7.2**）。

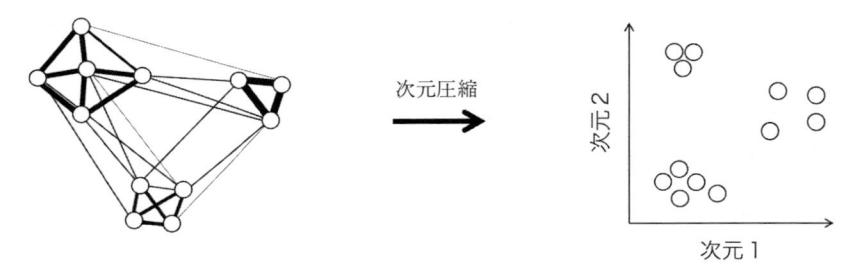

図 7.2　類似度行列の次元圧縮（グラフ構造の埋め込み）の概念図

　データ i, j 間の類似度が W_{ij} で与えられているとする[†2]。単純に，ノード（データ点）がエッジで結ばれているかいないかを表すグラフの場合は，エッジで結ばれるペアのみ $W_{ij} = 1$ となる隣接行列を表すことになる。この場合は，与えられたグラフを低次元に埋め込む問題となる。発現データを解析する場合は，上述のような 0 と 1 の単純なグラフではなく，サンプル間での類似度を表

[†1]　ただし，その場合は，本章のように解析解を求められるとは限らない。
[†2]　ただし $W_{ij} \geq 0$, $W_{ii} = 0$ とする。

すことになる。発現量に基づく類似度としては，式 (7.19) のようなガウス分布に基づく距離が用いられることが多い。

$$\boldsymbol{W}_{ij} = \exp\left(-\frac{\|\boldsymbol{x}_i - \boldsymbol{x}_j\|^2}{\epsilon}\right) \tag{7.19}$$

ここで，類似するデータが低次元空間の近くに配置されることを，よい低次元表現と考えることにする。そこでまず，類似性に基づき一次元空間にデータを配置する上で，式 (7.20) のような目的関数を最小化することを考える。

$$C = \sum_{ij}(y_i - y_j)^2 \boldsymbol{W}_{ij} \tag{7.20}$$

ここで，y_i はサンプル i を一次元空間上に写像したときの座標であり，スカラである。

この目的関数は，以下の式 (7.21) のように変形することができる。

$$\begin{aligned}
C &= \sum_{ij}(y_i - y_j)^2 \boldsymbol{W}_{ij} \\
&= 2\sum_i\left(y_i^2 \sum_j \boldsymbol{W}_{ij}\right) - 2\sum_{ij} y_i y_j \boldsymbol{W}_{ij} \\
&= 2\sum_i y_i^2 \boldsymbol{D}_{ii} - 2\sum_{ij} y_i y_j \boldsymbol{W}_{ij} \\
&= 2\boldsymbol{y}^{\mathrm{T}}(\boldsymbol{D} - \boldsymbol{W})\boldsymbol{y} \\
&= 2\boldsymbol{y}^{\mathrm{T}}\boldsymbol{L}\boldsymbol{y}
\end{aligned} \tag{7.21}$$

ただし，$\boldsymbol{D}_{ii} = \sum_j \boldsymbol{W}_{ij}$ でノード i の次数を表し，また $\boldsymbol{L} = \boldsymbol{D} - \boldsymbol{W}$ とする。この $\boldsymbol{L}$ はラプラシアン行列（Laplacian matrix）と呼ばれる。ここで，任意のベクトルに対して式 (7.22) が成り立つため，$\boldsymbol{L}$ は半正定値行列である。

$$\boldsymbol{x}^{\mathrm{T}}\boldsymbol{L}\boldsymbol{x} = \sum_{ij}(x_i - x_j)^2 \boldsymbol{W}_{ij} \geqq 0 \tag{7.22}$$

また $\boldsymbol{L}\boldsymbol{1} = 0$ であり，グラフが連結ならば，ただ一つの固有値 0 と固有ベクトル $\boldsymbol{1}$ を持つ[†]。

[†] $\boldsymbol{1}$ はすべての要素が 1 のベクトルを表す。

　上記の目的関数の最小化を考える上では，より一般化し，レイリー商とその最小化を考えるとわかりやすい。以降では，レイリー商およびその最小化問題がどのように解けるかを解説する。ここで，とある n 次元の実対称行列 $\boldsymbol{A}$ を考える。これに対し，レイリー商とは $R(\boldsymbol{x}) = \dfrac{\boldsymbol{x}^{\mathrm{T}}\boldsymbol{A}\boldsymbol{x}}{\boldsymbol{x}^{\mathrm{T}}\boldsymbol{x}}$ として定義される。この最小化問題は以下の式 (7.23) となる。

$$\min_{\boldsymbol{x} \neq 0} R(\boldsymbol{x}), \quad R(\boldsymbol{x}) = \frac{\boldsymbol{x}^{\mathrm{T}}\boldsymbol{A}\boldsymbol{x}}{\boldsymbol{x}^{\mathrm{T}}\boldsymbol{x}} \tag{7.23}$$

$\boldsymbol{A}$ の固有値を $\lambda_1 \leq \lambda_2 \leq \ldots \leq \lambda_n$，それに対応する固有ベクトルを $\boldsymbol{z}_1, \boldsymbol{z}_2, \ldots, \boldsymbol{z}_n$ とする。ここで，対称行列の固有ベクトルは正規直交基底となるので，正規性を満たす任意のベクトルを $\boldsymbol{x} = a_1\boldsymbol{z}_1 + a_2\boldsymbol{z}_2 + \ldots + a_n\boldsymbol{z}_n$ と表すことができる。したがって，レイリー商は式 (7.24) のように変形できる。

$$R(\boldsymbol{x}) = \frac{\sum_i \lambda_i a_i^2}{\sum_{i'} a_{i'}^2} = \sum_i \lambda_i \frac{a_i^2}{\sum_{i'} a_{i'}^2} \tag{7.24}$$

ここで，$a_i^2 / \sum_{i'} a_{i'}^2 > 0$ であり，$\sum_i (a_i^2 / \sum_{i'} a_{i'}^2) = 1$ であることから，$R(\boldsymbol{x})$ の最小値は $a_1 = 1$，$a_i = 0$ $(i \neq 1)$，すなわち $\boldsymbol{x} = \boldsymbol{z}_1$ のときの λ_1 であることがわかる。ただし，ラプラシアン行列は最小の固有値は必ず 0 であり，その固有ベクトルは $\boldsymbol{1}$ であることから，このままでは意味のない結果になってしまう。そこで，$\boldsymbol{x}^{\mathrm{T}}\boldsymbol{1} = 0$，$\boldsymbol{x}^{\mathrm{T}}\boldsymbol{x} = 1$ という制約条件を加えることにする。つまり，式 (7.25) の目的関数の最小化を解くことにする。

$$\min_{\boldsymbol{x} \neq 0, \boldsymbol{x}^{\mathrm{T}}\boldsymbol{1} = 0, \boldsymbol{x}^{\mathrm{T}}\boldsymbol{x} = 1} \frac{\boldsymbol{x}^{\mathrm{T}}\boldsymbol{L}\boldsymbol{x}}{\boldsymbol{x}^{\mathrm{T}}\boldsymbol{x}} \tag{7.25}$$

条件を満たす任意のベクトルを $\boldsymbol{x} = a_2\boldsymbol{z}_2 + \ldots + a_n\boldsymbol{z}_n$ とすると，これまでと同様に考えることでその最小値は λ_2 であり，それを満たす $\boldsymbol{x}$ は $\boldsymbol{z}_2$ となることがわかる。

　以上の議論をまとめると，式 (7.21) の最小化を考える際に，すべての i に対して $y_i = 1$ などとすると目的関数の値は 0 で最小化され，次元圧縮の目的は達成されない意味のない結果が得られる。そこで，式 (7.25) のように正規性と

直交性などの制約を課した上で，目的関数を最小化する。このようなアプローチはラプラシアン固有マップと呼ばれ，ラプラシアン行列の固有値分解を行い，固有値 0 を除いた最小固有値に対応する固有ベクトルを低次元空間の第 1 軸とする。また，この考えを一次元から d 次元に拡張すると，第 2 軸にはそのつぎに小さい固有値に対応する固有ベクトル，第 3 軸にはそのつぎの固有ベクトルを用いればよい。なお，ラプラシアン行列の固有値分解では外れ値となるノードの影響が大きいなどの理由から，例えば以下のような正規化したラプラシアン行列を固有値分解することが実用上は多い [†1]。

$$\tilde{L} = D^{-1/2} L D^{-1/2} \tag{7.26}$$

7.3.2 拡 散 マ ッ プ

ところで，L が「ラプラシアン」行列と呼ばれるのはなぜだろうか。ラプラシアンあるいはラプラス作用素とは，x, y, z の三次元空間においては式 (7.27) の二階の偏微分作用素のことを指す。

$$\frac{\partial^2 f}{\partial x^2} + \frac{\partial^2 f}{\partial y^2} + \frac{\partial^2 f}{\partial z^2} \tag{7.27}$$

このような二階偏微分は，例えば物質の拡散を表す拡散方程式に現れる。ここでは簡単のため，式 (7.28) のような一次元（x 軸）上での拡散を表す拡散方程式を示す [†2]。

$$\frac{\partial u(x,t)}{\partial t} = \frac{\partial^2 u(x,t)}{\partial x^2} \tag{7.28}$$

ここで，x の空間を微小な間隔で離散化して考えると，ラプラシアンは式 (7.29) のように離散近似できる。

$$\frac{\partial^2 u(x,t)}{\partial x^2} \simeq \frac{u(x + \Delta x, t) + u(x - \Delta x, t) - 2u(x,t)}{\Delta x^2} \tag{7.29}$$

ここで，以下のような J_f と J_b を考えるとする。

[†1] この正規化の意味などは次章のスペクトラルクラスタリングにて説明する。
[†2] 実際には拡散係数というパラメータもあるが，ここでの議論には影響しないため無視する。

- J_f：地点 x から地点 $x + \Delta x$ への単位時間当りの流出量
- J_b：地点 x から地点 $x - \Delta x$ への単位時間当りの流出量

ただし，$-J_f$ と $-J_b$ は流入と考える（負の流出は流入）。このとき，地点 x における局所的な濃度 u の時間変化（増分）は，各方向の単位長さ当りの流入量の合計 $(-J_f)/\Delta x + (-J_b)/\Delta x$ で与えられる。

ここで，各方向の単位時間当りの流出量は，濃度 u の負の勾配（傾斜）で与えられると仮定する[†]と，J_f と J_b はそれぞれ式 (7.30) となる。

$$
\begin{aligned}
J_f &= -\frac{u(x + \Delta x) - u(x)}{\Delta x}, \\
J_b &= -\frac{u(x - \Delta x) - u(x)}{\Delta x}
\end{aligned}
\tag{7.30}
$$

これを式 (7.29) に代入すると，式 (7.31) が成り立つ。

$$
\frac{\partial^2 u(x,t)}{\partial x^2} \simeq -J_f - J_b
\tag{7.31}
$$

一方で，グラフの場合は，上記の長さや体積の概念を忘れた空間と見ることができるので，試しに式 (7.31) において Δx で割って単位長さ当りに換算する工程をすべて省いてみると，拡散は式 (7.32) となる。

$$
u(x - \Delta x) - 2u(x) + u(x + \Delta x)
\tag{7.32}
$$

もし，地点 $x - \Delta x, x, x + \Delta x$ の 3 頂点を辺でつないだものをグラフとすると，中央の頂点 x に対応するグラフラプラシアン $-L$ の 2 行目である $(1\ {-}2\ 1)$ が，式 (7.32) の係数と対応することがわかるだろう。

これらの議論を図で表したものが**図 7.3** である。これは，ある位置 x に対して，各位置の現時点での量に応じた流入のダイナミクスを表している。ここで W が図 7.3(b) のようなグラフの隣接行列であったとすると，各ノード上の量をベクトル u としたとき，$-Lu$ はグラフの頂点上の流入のダイナミクスを表すことになる。したがって，L はグラフ上の物質の拡散を表していると言える。

[†]　これをフィックの法則と呼ぶ。

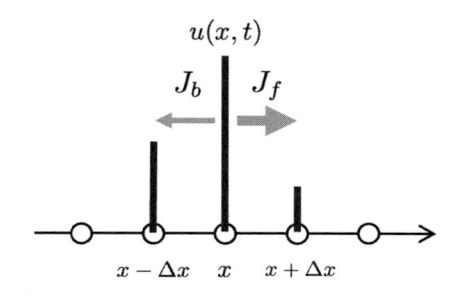

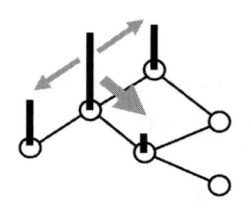

(a) 空間方向に離散近似した
    拡散過程の概念図

(b) グラフ上の拡散過程の
    概念図

図 **7.3** 拡散過程の概念図

このような関係性から，L はラプラシアン行列あるいはグラフラプラシアンと呼ばれているのである。

このようなグラフ上での拡散過程に基づいた低次元表現の手法として，**拡散マップ**（diffusion map）というものがある[81]。ここではまず，簡単化した拡散マップを説明し，後に厳密な拡散マップを導入する。拡散マップでは，W に基づいたグラフの上で，あるデータ（ノード）から別のデータ（ノード）へ拡散する過程を考えたときの遷移確率に基づく距離が，低次元空間上のユークリッド距離として維持されるような次元圧縮を考えている。ある類似度行列 W とそれに基づくラプラシアン行列 L があるとき，式 (7.33) のように正規化されたラプラシアン行列を考える。

$$L^{\mathrm{rw}} = D^{-1}L = I - P \tag{7.33}$$

ただし，P は $D^{-1}W$ である。この L^{rw} は，**ランダムウォーク正規化ラプラシアン行列**（random walk normalized Laplacian）と呼ばれている。と言うのも，この P_{ij} はグラフ上のランダムウォークを考えたときのノード i から j への 1 ステップでの遷移確率に相当するからである。ただし，P は非対称な行列で扱いづらいため，式 (7.34) のような処理によって対称化した行列を再定義する。

$$\tilde{P} = D^{1/2} P D^{-1/2} \tag{7.34}$$

ここで，対称行列は固有値分解により，式 (7.35) のように，ある直交行列 V を用いて対角化できる。

$$\tilde{P} = V \Lambda V^{\mathrm{T}} \tag{7.35}$$

ただし，固有値は降順に並んでいるとする（$\lambda_1 > \lambda_2 > \ldots$）。

また，$\tilde{P}$ の t 乗の i, j 成分は，式 (7.36) で求められる。

$$\tilde{P}_{ij}^t = \sum_l \lambda_l^t V_{il} V_{jl} \tag{7.36}$$

拡散マップでは，式 (7.37) のように行列 $\tilde{P}$ の遷移の類似性に基づいた距離である拡散距離（diffusion distance）を，高次元空間上での距離として用いる。

$$D_t(i,j) = \sum_k \left(\tilde{P}_{ik}^t - \tilde{P}_{jk}^t \right)^2 \tag{7.37}$$

これは P ではなく $\tilde{P}$ であるため正確には遷移確率ではないが，t ステップのランダムウォークをしたときの行き先の「近さ」を距離として定義しているイメージである。この拡散距離は式 (7.38) のように展開することができる。

$$
\begin{aligned}
D_t(i,j) &= \sum_k \left(\tilde{P}_{ik}^t \tilde{P}_{ik}^t + \tilde{P}_{jk}^t \tilde{P}_{jk}^t - 2\tilde{P}_{ik}^t \tilde{P}_{jk}^t \right) \\
&= \sum_k \left(\tilde{P}_{ik}^t \tilde{P}_{ki}^t + \tilde{P}_{jk}^t \tilde{P}_{kj}^t - 2\tilde{P}_{ik}^t \tilde{P}_{kj}^t \right) \\
&= \tilde{P}_{ii}^{2t} + \tilde{P}_{jj}^{2t} - 2\tilde{P}_{ij}^{2t} \\
&= \sum_l \lambda_l^{2t} (V_{il}^2 + V_{jl}^2 - 2V_{il}V_{jl}) \\
&= \sum_l \lambda_l^{2t} (V_{il} - V_{jl})^2 \tag{7.38}
\end{aligned}
$$

式 (7.38) の最後の形を見ればわかるように，これはデータ i の座標を式 (7.39) の y_i で定めたときにおける，データ間のユークリッド距離の二乗と一致する。

$$y_i = \begin{pmatrix} \lambda_1^t V_{i1} \\ \lambda_2^t V_{i2} \\ \vdots \\ \lambda_n^t V_{in} \end{pmatrix} \tag{7.39}$$

したがって，データ間で共通する固有値のスケール（λ_i）を無視すると，$\tilde{P}$ の各固有ベクトルが，各軸を構成していると見なせる。ここで，$D_t(i,j)$ をよく近似できる低次元空間を求めることを考えると，固有値 λ_i の大きい軸から優先的に選んだほうが，低次元でのユークリッド距離が $D_t(i,j)$ に近くなることがわかる。したがって，拡散マップでは $\tilde{P}$ の固有値分解を行い，固有値の大きいほうから，それに相当する固有ベクトルを各次元の軸として次元圧縮をしている。以上の理論から，ラプラシアン固有マップと拡散マップは背後にある哲学に違いはあるものの，操作そのものは非常に似ていることがわかるだろう。

なお，実際の拡散マップでは，$\tilde{P}$ ではなく P を取り扱う。その上で，$\Psi = D^{-1/2}V$，$\Phi = D^{1/2}V$ とすると，以下の式 (7.40) のように書くことができる。

$$P = D^{-1/2}V\Lambda V^{\mathrm{T}}D^{1/2} = \Psi\Lambda\Phi^{\mathrm{T}} \tag{7.40}$$

いま t ステップ後の遷移確率行列を対角化した $P^t = \Psi\Lambda^t\Phi^{\mathrm{T}}$ が得られたとする。ここで，Ψ の i 行を ψ_i^{T} で表すとすると，P^t の i 行目は式 (7.41) で与えられる。

$$p(\cdot, t \mid x_i) = \psi_i^{\mathrm{T}}\Lambda^t\Phi^{\mathrm{T}} \tag{7.41}$$

ここで，点 x_i と x_j の新たな距離の候補として，x_i と x_j それぞれから，他のすべての点への到達しやすさの類似度を測るものを考えれば，式 (7.42) が一つの候補として挙げられる。

$$\tilde{D}(x_i, x_j) = \|p(\cdot, t \mid x_i) - p(\cdot, t \mid x_j)\|_2 \tag{7.42}$$

また，以下の式 (7.43) のように変形することが可能である。

$$p(\cdot, t \mid x_i) - p(\cdot, t \mid x_j) = \boldsymbol{\psi}_i^{\mathrm{T}} \Lambda^t \Phi^{\mathrm{T}} - \boldsymbol{\psi}_j^{\mathrm{T}} \Lambda^t \Phi^{\mathrm{T}}$$
$$= (\boldsymbol{\psi}_i^{\mathrm{T}} - \boldsymbol{\psi}_j^{\mathrm{T}}) \Lambda^t \Phi^{\mathrm{T}} \tag{7.43}$$

このことから，$\tilde{D}(\boldsymbol{x}_i, \boldsymbol{x}_j)$ は Φ の列のなすベクトル空間（diffusion coordinate）上の点 $\Lambda^t \boldsymbol{\psi}_i$ と $\Lambda^t \boldsymbol{\psi}_j$ の間のユークリッド距離に一致しそうである。しかし，$\Phi = D^{1/2} V$ が直交行列ではなく，$\Phi^{\mathrm{T}} \Phi \neq I$ となるため，そのままでは一致しない。

そこで，新たな内積 $\langle x, y \rangle_w = x^{\mathrm{T}} D^{-1} y$ のもとで，Φ の列は正規直交系である $\Phi^{\mathrm{T}} D^{-1} \Phi = V^{\mathrm{T}} D^{1/2} D^{-1} D^{1/2} V = I$ と見なすことにする [†1]。改めて，この内積のもとで拡散距離を以下の式 (7.44) のように定義する。

$$D(\boldsymbol{x}_i, \boldsymbol{x}_j)^2 = \|p(\cdot, t \mid x_i) - p(\cdot, t \mid x_j)\|_w^2$$
$$= (\boldsymbol{\psi}_i^{\mathrm{T}} - \boldsymbol{\psi}_j^{\mathrm{T}}) \Lambda^t \Phi^{\mathrm{T}} D^{-1} \Phi \Lambda^t (\boldsymbol{\psi}_i - \boldsymbol{\psi}_j)$$
$$= \|\Lambda^t \boldsymbol{\psi}_i - \Lambda^t \boldsymbol{\psi}_j\|_2^2 \tag{7.44}$$

この変形から，点 $\boldsymbol{x}_i$ と $\boldsymbol{x}_j$ を変換先である拡散マップに置いたときに，上記のユークリッド距離になるように配置される $\boldsymbol{x}_i$ の新しい座標は，以下の式 (7.45) のようになる [†2]。

$$\Lambda^t \boldsymbol{\psi}_i = (\lambda_1^t \Psi_{i1}, \lambda_2^t \Psi_{i2}, \ldots, \lambda_n^t \Psi_{in}) \tag{7.45}$$

以上の結果より，最初に導入した簡単化した拡散マップの場合と同様に，固有値が大きいほうから k 個だけ使えば次元削減ができる。

ところで，Φ の列のなすベクトル空間上のユークリッド距離が出てくるように都合よく選んだ内積の重み $\boldsymbol{D}^{-1}$ は何であろうか。実際に $\boldsymbol{D}$ の対角成分は式 (7.46) となる。

$$\boldsymbol{D}_{ii} = \sum_j \boldsymbol{W}_{ij} = \sum_j k(\boldsymbol{x}_i, \boldsymbol{x}_j) \tag{7.46}$$

[†1]   固有ベクトルで表される拡散の緩和過程の各モードが，この内積のもとで直交基底になることを考えている。

[†2]   このあたりの理論は，Nadler らの論文が参考になる[82]。

したがって，D_{ii} は x_i におけるカーネル密度推定量そのものである[†]。同時に，D の対角成分を並べたベクトル $\mathbf{1}^{\mathrm{T}}D = (D_{11}D_{22}\cdots D_{nn})$ は P の定常分布 ϕ_0 の定数倍であることが，式 (7.47) から確かめられる。

$$\mathbf{1}^{\mathrm{T}}DP = \mathbf{1}^{\mathrm{T}}DD^{-1}W = \mathbf{1}^{\mathrm{T}}W = (D_{11}D_{22}\cdots D_{nn}) \tag{7.47}$$

これで，$\mathbf{1}^{\mathrm{T}}D$ が P の固有値 1 に対応する固有ベクトルである定常分布 ϕ_0 に相当することも確かめられた。以上の議論から，拡散マップとは，データ点上のランダムウォークによって他の点への到達しやすさを示す分布 $p(\cdot, t \mid x_i)$ の全ペアについて，データあるいは定常分布の経験的密度の逆数で重み付けしたユークリッド距離を反映するよう各点の配置を行うものと解釈できる。

コーヒーブレイク

余談だが，グラフ上のランダムウォークを考えたときの遷移行列の最大固有値（つまり固有値 1）に対応する固有ベクトルは，Web 検索で Web ページごとに重要性を定義しその順番に並べるといった PageRank のアルゴリズムとも深い関係がある。と言うのは，ある時刻 t の各ノード（ここでは Web ページをノードと見なしている）に存在する確率のベクトルを π_t としたとき，遷移確率 P に基づくと，つぎの時刻での存在確率は式 (7.48) で計算される。

$$\pi_{t+1} = P\pi_t \tag{7.48}$$

ここで，無限時間後（$t \to \infty$）でノードの存在確率の分布が収束しているとすると，$\pi_\infty = P\pi_\infty$ となるはずである。したがって，π_∞ は P の固有値 1 に対応する固有ベクトルとなる。グラフが連結であるとき，P の最大固有値は 1 であるので，最大固有ベクトルが π_∞ であり，この値が PageRank の基盤となっている。最大固有ベクトルを求めるときは，行列全体の固有値分解をすることなく，べき乗法などで数値計算で効率的に求めることができるため，Web ページ間の巨大な行列を扱う上で有効なアプローチとなっている。

また，ここまではグラフ上の拡散過程としてのラプラシアン行列を説明したが，そのほかにもさまざまな現象とつながりがある。グラフを，ノードがエッジというバネでつながっているというバネ系として考えると，グラフラプラシアンはバネ系の振動方程式としても捉えられる。バネ系と考えると，$W_{ij} > 0$ は引力が

[†] ただし正規化はしていない。

働くバネに対し，$W_{ij} < 0$ は斥力が働くバネというように，負の値を持つ辺を解釈することができる。さらに，グラフを電気回路と捉え，エッジが抵抗を表すと考えると，各頂点に電流を流したときの電圧の関係などを求める際に，グラフラプラシアンが現れる[83]。

そのほかにも，グラフ信号処理と呼ばれる分野における，グラフ上のフーリエ変換を考えたグラフフーリエ変換とも，ラプラシアン行列は深い関係がある[84]。通常の時系列の信号データに対するフーリエ変換は，一次元（時間軸）のラプラシアンの固有関数を用いて信号データを展開していると考えられる。このとき，固有関数の固有値は周波数を表し，その値が大きい固有関数と小さい固有関数は，それぞれ高周波な振動と緩やかな振動を表す。この考えを，時間軸上に信号データが乗っているのではなく，グラフ上に信号データが乗っているというグラフ信号にも拡張することができる。このとき，固有関数に相当するものはグラフラプラシアンの固有ベクトルになる。そして，固有ベクトルをグラフにマッピングしたとき，グラフ上で緩やかに振動しているか，激しく振動しているか，というグラフ周波数を固有値が表している（固有値が小さいほど，固有ベクトルはグラフ上でなめらかな振動を表す）。グラフラプラシアンの固有値分解を $L = V \Lambda V^{\mathrm{T}}$ とすると，あるグラフ信号データ f のグラフフーリエ変換は $\tilde{f} = V^{\mathrm{T}} f$ であり，$\tilde{f}$ はグラフ周波数領域でのスペクトルを表し，また逆グラフフーリエ変換 $f = V \tilde{f}$ で元のグラフ上の信号に戻すことができる。一般的な時系列の信号処理と同様に，例えばグラフ周波数領域で高周波な要素はノイズと考え，ローパスフィルタを用いてノイズを除去すること（デノイジング）ができる。トランスクリプトーム解析においても，1 細胞 RNA-seq においてサンプル（細胞）間のネットワークを構築後に，ある遺伝子の発現量をグラフ信号と考え近傍サンプルでは同じような発現量になると想定し，グラフフーリエ変換に基づくローパスフィルタによりデノイジングをすることなどの手法が提案されている[85]（正確には，グラフ上の拡散過程としてのスムージングとして手法を導入し，それがグラフフーリエ変換のローパスフィルタと同義であると論文では説明されている）。

7.3.3　ラプラシアン行列に基づく固有ベクトルの特徴と注意点

最後に，ラプラシアン行列に基づく次元圧縮の特徴と注意点を，いくつかの具体的なグラフにおける結果を用いて紹介する。まず，ある前駆細胞から別の細胞へと一直線に分化をしていく過程で，いくつかのタイムポイントで RNA-seq

を行って得た時系列 RNA-seq データを解析するケースを考える。このとき，サンプル間の類似性に基づくグラフは，おおよそ**図 7.4**(a) のような直線上のグラフと同じ構造をとると期待される。このグラフのラプラシアン行列に対し固有値分解を行い，固有値の小さいほうからいくつかの固有ベクトルがどのような値になるかを図 7.4(b) に，二次元に表現したときの結果を図 7.4(c) に示す。図からわかるように，固有ベクトルはさまざまな周波数の三角関数のような形状で，固有値が大きくなるに従って周波数が高くなっているように見える。と言うのも，この直線状のグラフ構造は離散的な時間軸と捉えることができるため，ラプラシアン行列の固有ベクトルは時系列信号の離散コサイン変換の基底と同義になるからである[84]。さて，ここで低次元表現という観点から考えると，ラプラシアン固有マップの二次元表現では図 7.4(c) のような下に凸な軌道が見え

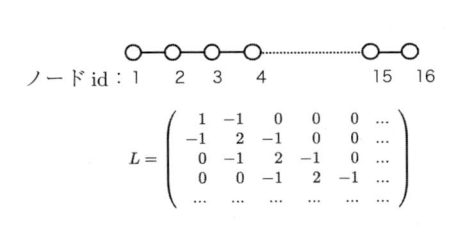

(a) 直線状のグラフラプラシアン

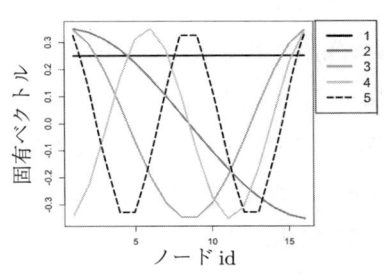

(b) 固有値が小さいものから
上位五つの固有ベクトル

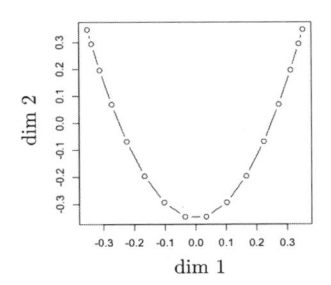

(c) ラプラシアン固有マップの
二次元可視化

図 7.4 直線状のグラフ構造におけるラプラシアン行列の
固有値分解の性質

る。ここで，元の時系列 RNA-seq のタイムポイントに従ってデータ点の変化の傾向を捉えると，第 1 軸が時系列に伴って単調変動し，第 2 軸では時系列で一過的に小さくなっている，という傾向があるように思えるだろう。すると，この分化過程では発現量が単調増加・単調減少を示す遺伝子と，一過的な変動を示す遺伝子が存在する，と考える読者もいるかもしれない。しかしながらこれは間違った考えである。と言うのも，単に一直線な細胞分化では，一過的な発現変動を示す遺伝子があろうとなかろうと，類似性に基づくと直線状のグラフ構造が得られ，そのようなグラフに対してラプラシアン固有マップなどをすると必然的に図のような振動を表す軸が現れることになるからである[†]。

　つぎに，**図 7.5**(a) のような枝分かれを示すグラフ構造を考えてみる。このグラフ構造に対するラプラシアン固有マップの結果を三次元空間に表すと，図 7.5(b) のような結果となる。一見，このようなグラフ構造は図 7.5(a) のように容易に二次元表現ができるように思えるが，各点間のユークリッド距離の関係を正しく表そうとすると，図 7.5(b) のような三次元空間で表現する必要がある。ここで，グラフの固有関数としての固有ベクトルを考えると，第 2・3 軸は左右のそれぞれの枝分かれを表す局所的な構造を表している。では，二次元空間だけを見るとどのように見えるかというと，図 7.5(c) のように一方の枝分かれが完全に潰れて見える。このように，各軸の固有ベクトルは直交し，それぞれが異なる局所的な構造を捉えるため，二次元だけの結果を見ただけでは本来存在した構造を見逃すことになる。

　そのため，ラプラシアン行列に基づく次元圧縮は，背後にある構造がある程度想像できかつシンプルであるときは，そのグラフ構造の大局的な構造を求めることができる一方で，上述の二つの例に示すように，必然的に現れる振動や，実は存在していた構造の見逃しなどに注意をする必要がある。このように，さまざまな現象とつながりについて多様な解釈を与えてくれるラプラシアン行列

[†]　なお，このような現象は PCA などでも観測され，古くは馬蹄効果/Horseshoe effect とか Guttman effect や，最近では Phantom oscillation などと呼ばれ研究が進んでいる[86]。

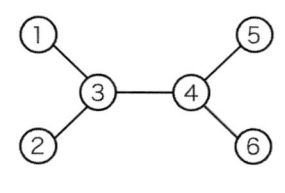

$$L = \begin{pmatrix} 1 & 0 & -1 & 0 & 0 & 0 \\ 0 & 1 & -1 & 0 & 0 & 0 \\ -1 & -1 & 3 & -1 & 0 & 0 \\ 0 & 0 & -1 & 3 & -1 & -1 \\ 0 & 0 & 0 & -1 & 1 & 0 \\ 0 & 0 & 0 & -1 & 0 & 1 \end{pmatrix}$$

(a) 枝分かれを持つグラフラプラシアン

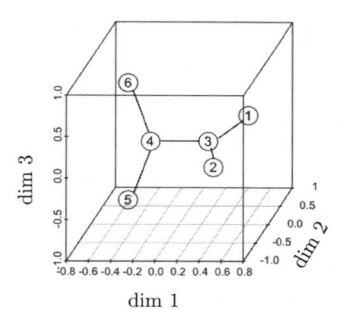

(b) ラプラシアン固有マップの
三次元可視化

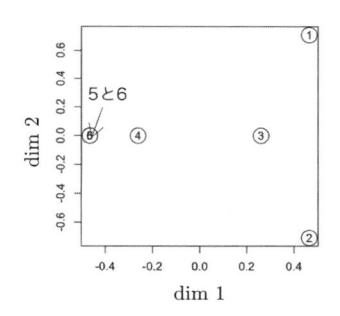

(c) ラプラシアン固有マップの
二次元可視化

図 **7.5** 枝分かれを持つグラフ構造におけるラプラシアン行列の
固有値分解の性質

であるが，それを用いた解析を行う上では，その理論と特徴を理解することが
重要である。

7.4 SNE, symmetric SNE, t-SNE

複雑な大規模トランスクリプトームデータを「二次元で可視化」する上で，
t-SNE（t-distributed stochastic neighbor embedding）[†]と呼ばれる手法が多

[†] 明確な発音が決まっているわけではないが，「ティスニー」と発音する人が多い。

くの論文で使われるようになった[87][†1]。本章では，t-SNE の基となった手法である SNE から始め，その理論および考え方，そしてメリット・デメリットを紹介する。

7.4.1　SNE

まずは t-SNE の基となった手法である **SNE**（stochastic neighbor embedding）から説明する[90][†2]。SNE では，データポイント x_i から x_j に対する類似度を式 (7.49) のようなガウス分布に基づく条件付き確率で定義する。

$$p_{j|i} = \frac{\exp(-\|x_i - x_j\|^2 / 2\sigma_i^2)}{\sum_{k \neq i} \exp(-\|x_i - x_k\|^2 / 2\sigma_i^2)} \tag{7.49}$$

ただし σ_i は分散であり，また $p_{i|i} = 0$ とする。つぎに，各データポイントに対応する低次元空間上での座標を y_i とし，y_i から y_j に対する類似度を同様にガウス分布に基づく条件付き確率で定義する。

$$q_{j|i} = \frac{\exp(-\|y_i - y_j\|^2)}{\sum_{k \neq i} \exp(-\|y_i - y_k\|^2)} \tag{7.50}$$

ただし $q_{i|i} = 0$ とする。

SNE では，高次元空間でのデータ間の確率分布が，低次元空間でも維持されるような空間がよい低次元表現だと考えている。具体的には，上述の二つの確率分布の**カルバック・ライブラー情報量**（Kullback-Leibler divergence）の最小化をするように設計されている。そのコスト関数は式 (7.51) のように定義される[†3]。

$$C = \sum_i KL(P_i \| Q_i)$$
$$= \sum_i \sum_j p_{j|i} \log \frac{p_{j|i}}{q_{j|i}}$$

[†1]　2024 年現在では，t-SNE に代わり UMAP という次元圧縮法がより多く使われている[88],[89]。

[†2]　SNE の論文の第一著者は深層学習の立役者である Hinton である。

[†3]　全 j に対する $p_{j|i}$，$q_{j|i}$ を P_i，Q_i と書くことにする。

$$= \sum_i \sum_j p_{j|i} \log p_{j|i} - \sum_i \sum_j p_{j|i} \log q_{j|i} \tag{7.51}$$

このコスト関数に基づき y_l を最適化する。$p_{j|i}$ は y_l に依存しないことから定数と見なし，$q_{j|i}$ に条件付き確率を実際に代入すると，コスト関数は式 (7.52) のように変換できる。

$$C = \sum_i \sum_j p_{j|i} \|y_i - y_j\|^2 + \sum_i \sum_j p_{j|i} \log \left(\sum_{k \neq i} \exp(-\|y_i - y_k\|^2) \right)$$
$$+ \mathbf{const.}$$

$$= \sum_i \sum_j p_{j|i} \|y_i - y_j\|^2 + \sum_i \log \left(\sum_{k \neq i} \exp(-\|y_i - y_k\|^2) \right)$$
$$+ \mathbf{const.} \tag{7.52}$$

第一項に対し y_l に関して微分すると，式 (7.53) が得られる。

$$2 \sum_j (p_{j|l} + p_{l|j})(y_l - y_j) \tag{7.53}$$

第二項に対し y_l に関して微分すると，式 (7.54) が得られる。

$$-2 \sum_j (q_{j|l} + q_{l|j})(y_l - y_j) \tag{7.54}$$

簡単のため，添字を l から i に置き換え全体を書き直すと，式 (7.55) が得られる。

$$\frac{\delta C}{\delta y_i} = 2 \sum_j (p_{j|i} - q_{j|i} + p_{i|j} - q_{i|j})(y_i - y_j) \tag{7.55}$$

以上の結果を用い，$Y^{(t)}$ を t ステップ目の値としたとき，式 (7.56) のような勾配降下法（gradient descent）で最適化する [†]。

$$Y^{(t)} = Y^{(t-1)} + \eta \frac{\delta C}{\delta Y} + \alpha(t) \left(Y^{(t-1)} - Y^{(t-2)} \right) \tag{7.56}$$

この更新式では，最適化を高速化することと局所最適解を防ぐことを目的とし，慣性項が付いている。

[†] 実際には，そのほかにもいくつか工夫がなされている。

7.4.2　symmetric SNE

SNE の派生手法として，条件付き確率の代わりに同時確率を用いた symmetric SNE という手法も存在する。理論的には，式 (7.57) のような同時分布によって高次元・低次元でのデータポイント間での類似性を定義することができる。

$$p_{ij} = \frac{\exp(-\|x_i - x_j\|^2 / 2\sigma^2)}{\sum_{k \neq l} \exp(-\|x_k - x_l\|^2 / 2\sigma^2)},$$

$$q_{ij} = \frac{\exp(-\|y_i - y_j\|^2)}{\sum_{k \neq l} \exp(-\|y_k - y_l\|^2)} \tag{7.57}$$

ただし，$p_{ii} = q_{ii} = 0$ とする。この定義に基づくと，通常の SNE でのコスト関数では各サンプルのカルバック・ライブラー情報量の和をとっていたのに対し，一つのカルバック・ライブラー情報量によって定義することができる。

$$C = KL(P\|Q) = \sum_i \sum_j p_{ij} \log \frac{p_{ij}}{q_{ij}} \tag{7.58}$$

そして，このコスト関数の微分は式 (7.52) のときと同様に計算することで式 (7.59) となり，同様に勾配降下法で最適化できる。

$$\frac{\delta C}{\delta y_i} = 4 \sum_j (p_{ij} - q_{ij})(y_i - y_j) \tag{7.59}$$

しかし，上述の p_{ij} の定義では，外れ値となる x_i が存在するときに望ましくない挙動を示すことが知られている。仮に x_i が他のすべての点に対し $\|x_i - x_j\|^2$ が非常に大きいとき，あらゆる j に対し p_{ij} は限りなく 0 に近くなる。その結果 y_i のコスト関数へ与える影響はきわめて小さく，y_i の位置はもはや一意に定めることが困難となる。このような問題を解決するために，実際には式 (7.60) を同時確率として定義している（n はデータポイントの数とする）。

$$p_{ij} = \frac{p_{j|i} + p_{i|j}}{2n} \tag{7.60}$$

このような定義により，あらゆる点に対し $\sum_j p_{ij} > 1/(2n)$ が保証され，先述のような外れ値にも強くなる。

7.4.3 t-SNE

SNE では，データ間の距離が低次元空間上の距離でも保たれるように次元圧縮を行っている。しかしながら，そのような高次元の距離を完全に保ったまま低次元にマッピングすることは，以下のような点で問題がある。例えば，十次元空間上では任意のデータ間の距離がすべて同じとなるような点を 11 点考えることができるが，これを二次元ユークリッド空間上で完全に再現することは不可能である†。また，十次元空間上で，あるデータ点 i の周りにデータが一様分布しているとき，データ点 i 周りの小さい距離関係を低次元空間で正確に表現しようとすると，高次元空間で中程度の距離にあったその他のデータ点は，低次元空間上では非常に遠くに離して配置しようとする力が働くことが知られている。このような力は一つひとつは小さいものの，多くのデータ点に対する力が合わさると影響力が大きくなり，結果として低次元空間の中心にデータ点が集まってしまうことがある。このような傾向は結果として，潜在的なクラスタを低次元空間上で分離する上で障害となるとされている。

t-SNE[87] では，symmetric SNE と同様に対称な p_{ij}, q_{ij} を考える。ただし，q_{ij} は式 (7.61) のように自由度 1 のスチューデントの t 分布によって定義している。t 分布はガウス分布と比較し，裾野の長い分布の形状をとる。それゆえ，高次元空間上で中程度の距離にあるデータ点を，低次元空間上でより離れて配置することもモデル上で許容され，上述のような望ましくない力を取り除くことができると考えられる。

$$q_{ij} = \frac{(1 + \|y_i - y_j\|^2)^{-1}}{\sum_{k \neq l}(1 + \|y_k - y_l\|^2)^{-1}} \tag{7.61}$$

これまでと同様にカルバック・ライブラー情報量に基づくコスト関数を定義する。

$$C = KL(P\|Q) = \sum_i \sum_j p_{ij} \log \frac{p_{ij}}{q_{ij}} \tag{7.62}$$

計算のため，式 (7.63) のような変数を設定する。

---

† 二次元で可能なのは 3 点までである。

$$d_{ij} = \|y_i - y_j\|^2,$$

$$Z = \sum_{k \neq l} (1 + d_{kl})^{-1} \tag{7.63}$$

すると，y_m の最適化を考えた場合のコスト関数は式 (7.64) のように書くことができる。

$$C = -\sum_i \sum_j p_{ij} \log q_{ij} + \mathbf{const.}$$

$$= \sum_i \sum_j p_{ij} \log(1 + d_{ij}) + \log Z + \mathbf{const.} \tag{7.64}$$

したがって，コスト関数の y_m に関する微分は，式 (7.65) となる。

$$\frac{\delta C}{\delta y_m} = 2 \sum_j \left(\frac{\delta C}{\delta d_{mj}} + \frac{\delta C}{\delta d_{jm}} \right) (y_m - y_j)$$

$$= 4 \sum_j \frac{\delta C}{\delta d_{mj}} (y_m - y_j)$$

$$= 4 \sum_j \left(\frac{p_{mj}}{1 + d_{mj}} - \frac{1}{Z} \frac{1}{(1 + d_{mj})^2} \right) (y_m - y_j)$$

$$= 4 \sum_j \left(\frac{p_{mj}}{1 + d_{mj}} - \frac{(1 + d_{mj})^{-1}}{Z} \frac{1}{1 + d_{mj}} \right) (y_m - y_j)$$

$$= 4 \sum_j (p_{mj} - q_{mj}) (y_m - y_j)(1 + d_{mj})^{-1} \tag{7.65}$$

わかりやすいよう，添字の m を i として書き直すと式 (7.66) のようになる。

$$\frac{\delta C}{\delta y_i} = 4 \sum_j (p_{ij} - q_{ij})(y_i - y_j)(1 + \|y_i - y_j\|^2)^{-1} \tag{7.66}$$

この結果を用いることで，これまでと同様に勾配降下法によって最適化できる。

7.4.4 SNE などの手法の特徴と注意点

ここまで，次元圧縮の手法として SNE, symmetric SNE, t-SNE を紹介し

た。これらの手法は基本的に，高次元空間上の距離と低次元空間上の距離の一貫性を式 (7.67) のようなカルバック・ライブラー情報量で評価している。

$$KL(P\|Q) = \sum_i \sum_j p_{ij} \log \frac{p_{ij}}{q_{ij}} \tag{7.67}$$

ここで，カルバック・ライブラー情報量に基づく目的関数では以下のような性質があることに注意が必要である。例えば，p_{ij} がとても大きいとき（つまりとても近いとき），q_{ij} を小さくすると（つまりとても遠くに配置しようとすると），$p_{ij} \log(p_{ij}/q_{ij})$ は大きくなるので目的関数の最小化の観点から q_{ij} を大きくする力が強く働くことになる。一方で，p_{ij} がとても小さいとき（つまりとても離れているとき），q_{ij} を大きくしても $p_{ij} \log(p_{ij}/q_{ij})$ はそれほど大きくならず，q_{ij} を小さくする力はそれほど強く働かない。したがって，これらの手法は基本的に局所的な構造を捉えることを得意としており，可視化やクラスタの検出に有効である一方で，圧縮空間上での大局的な位置関係にはあまり意味を持たない可能性があることに注意が必要である（**図 7.6**）。

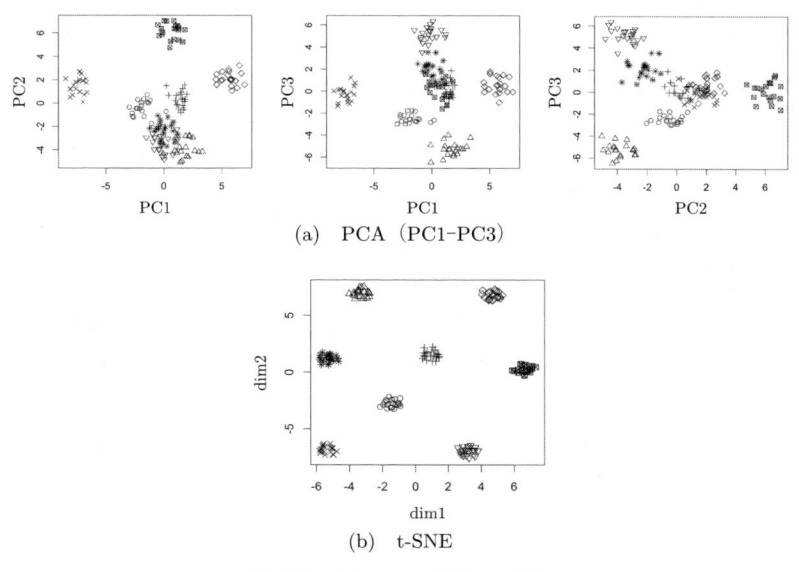

(a) PCA（PC1-PC3）

(b) t-SNE

図 7.6 PCA と t-SNE の比較

7.5 ポアンカレ埋め込み

　最後に，機械学習分野において近年注目を集めている双曲空間に基づく次元圧縮法を紹介する。双曲空間は，2 点間の最短距離が直線ではない曲がった空間（非ユークリッド空間）の一つである。数学的な説明は他書に譲るとし[91]，ここではその特徴と利点を簡単な具体例を用いて説明する。

　双曲空間を表現する方法はいくつかあるが，ここではその一つであるポアンカレ円板[†]に基づいて説明する。ポアンカレ円板は半径 1 の開円板であり，ポアンカレ円板上での 2 点間の最短経路は**図 7.7**(a) のように半円上の曲線上に存在し，その距離は式 (7.68) で計算される。

$$d_p(\boldsymbol{x}, \boldsymbol{y}) = \mathrm{arccosh}\left(1 + 2\frac{\|\boldsymbol{x} - \boldsymbol{y}\|^2}{(1 - \|\boldsymbol{x}\|^2)(1 - \|\boldsymbol{y}\|^2)}\right) \tag{7.68}$$

このような距離に基づくと，ポアンカレ円板の中心から離れるほど指数関数的に空間が広がることになる。したがって，図 7.7(b) のように木構造が枝分かれに伴い中間ノードの数が指数関数的に増加していくとき，空間が広がっているがゆえにうまく埋め込むことができるという利点がある。

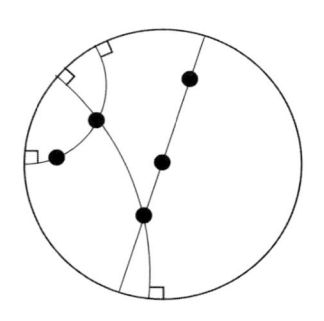
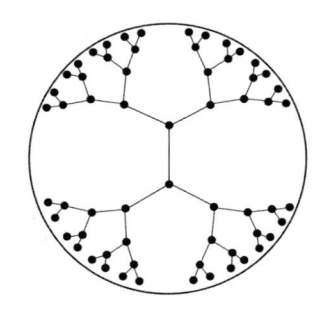

(a)　ポアンカレ円板上の
　　　最短経路

(b)　木構造の埋め込み

図 7.7　ポアンカレ円板の特徴

[†]　D 次元の場合は D 次元ポアンカレ球と呼ぶ。

　ここでは，簡単な例を用いてこのような空間の利点を紹介する。図 **7.8**(a) のように正四面体の各頂点にデータ点が配置されるような例を考える。つまり，すべてのデータ点間の距離が等しい場合を考える。このような関係は，図 7.8(a) のように三次元ユークリッド空間であれば正確に埋め込むことができるが，二次元空間でこれを完全に表現することはできない。完全に表現することは不可能にしても，二次元ユークリッド空間とポアンカレ円板に埋め込んだときに，どのような違いがあるかを示すため，図 7.8(b)，(c) のように埋め込んだ場合を考える。ユークリッド空間では，最長距離は最短距離と比べ $\sqrt{2}$ 倍長いことがわかる。一方でポアンカレ円板の場合，仮に $r = 0.9$ の位置に配置した場合，距離の違いはおよそ 1.13 倍であり，$\sqrt{2} \simeq 1.41$ であるからユークリッド空間と比べ元の等距離の関係をうまく表現できていることがわかる。

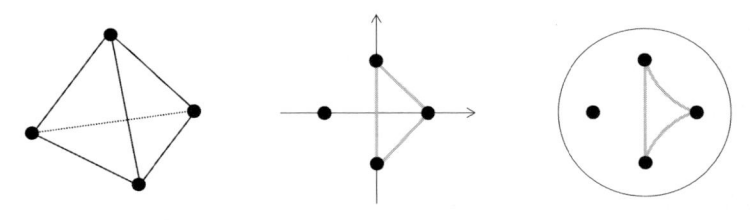

(a)　正四面体の各頂点　　(b)　ユークリッド空間への　　(c)　ポアンカレ円板への
　　　　　　　　　　　　　　　　　埋め込み　　　　　　　　　　　　埋め込み

図 7.8　ユークリッド空間とポアンカレ円板への埋め込みの比較

　このような双曲空間への埋め込みは，ユークリッド空間では 200 次元程度必要としていた単語の埋め込み（word2vec）の性能が，双曲空間ではわずか五次元で達成できるという論文が機械学習分野において発表され，大きく注目を集めるようになった[92]。最近では，深層学習の中間層を双曲空間にするようなアプローチや，双曲面・球面・ユークリッド空間を同時に考慮した混合空間を考えた埋め込みなど，さまざまな方向性で研究が進められている。生物学においては，1 細胞 RNA-seq のデータを埋め込み，細胞系譜を再構築するなどのアプリケーションがすでに開発されており[93]，今後もさまざまな解析に使われると期待される。

7.6　遺 伝 子 選 択

　ここまで，各サンプルは遺伝子数分（あるいは転写産物数分）の大きさ G の特徴量ベクトル x_i を持つと想定し，その x_i に対して次元圧縮を行うことを想定してきた。しかしながら，非常に大きな G に対する計算は，手法によっては計算量が膨大になる問題がある。また，単にサンプル全体で同一の分布に従っている遺伝子や，ノイジーな発現量を示す遺伝子が多数存在すると，それらの遺伝子の発現量が目的関数に大きく影響し，結果として次元圧縮の結果が曖昧になったり，生物学的に本質から外れた結果が低次元空間に現れることがある。したがって，背後に存在する生物学的な構造を次元圧縮でうまく捉えるためにも，解析対象とする遺伝子を何かしらの手法で事前に「選択する」ことが多い[†]。ここでは，分散に基づく遺伝子選択，PCA に基づく遺伝子選択，外部知識に基づく遺伝子選択の三つのアプローチを紹介する。

7.6.1　分散に基づく遺伝子選択

　分散が大きい遺伝子（highly variable genes）を選択する手法は，最も頻繁に用いられている遺伝子選択法の一つである。このアプローチでは，サンプル集団の中に生物学的に異なる集団が存在し，ある遺伝子がそれらの集団で異なる発現パターンを示すときは，その遺伝子の発現量の標本分散は単純な分布から予測される分散よりも大きくなるはずだ，という考えに基づいている。ただし，一般的に発現量が大きい遺伝子ほど標本分散は大きくなるため，単にデータから各遺伝子の標本分散を計算し，その値が大きい遺伝子を選択するというのではなく，平均発現量から想定される分散より大きい分散を示す遺伝子を選択することが多い。以下ではこのアプローチの一つを示す。

　発現量の分布はポアソン分布や負の二項分布でモデル化されることが多い。

[†]　本書の 9 章で紹介する 1 細胞 RNA-seq などのサンプルサイズとノイズが大きいようなデータセットでは特に重要となる。

ここではまず，式 (7.69) のポアソン分布でモデル化した場合を説明する。

$$P(x = k) = \frac{\lambda^k e^{-\lambda}}{k!} \tag{7.69}$$

ここで，λ は分布の平均 μ と分散 σ^2 である。したがって，ポアソン分布における変動係数（coefficient of variation）は式 (7.70) で定義できる。

$$CV = \frac{\sigma}{\mu} = \lambda^{-1/2} \tag{7.70}$$

この結果から，x 軸に $\log(\mu)$，y 軸に $\log(CV)$ をとったとき，ポアソン分布では $y = -0.5x$ の関係が成立することがわかる。よって，任意のポアソン分布からデータをサンプリングし，標本平均 $\bar{X}_i$ と標本分散 S_i^2，そして $CV_i = S_i/\bar{X}_i$ を求めたとき，$\log(CV_i) \simeq -0.5\log(\bar{X}_i)$ となると期待される（**図 7.9**）。逆に言えば，ある遺伝子 i に対しデータから平均 $\bar{X}_i$，分散 S_i^2 を求めたとき，$\log(CV_i) \gg -0.5\log(\bar{X}_i)$ であれば，それはポアソン分布を逸脱して分散が大きい遺伝子と見なせるだろう。このように，$\log(CV_i) + 0.5\log(\bar{X}_i)$ が，ある閾値以上の遺伝子を分散が大きい遺伝子と定義・選択している。

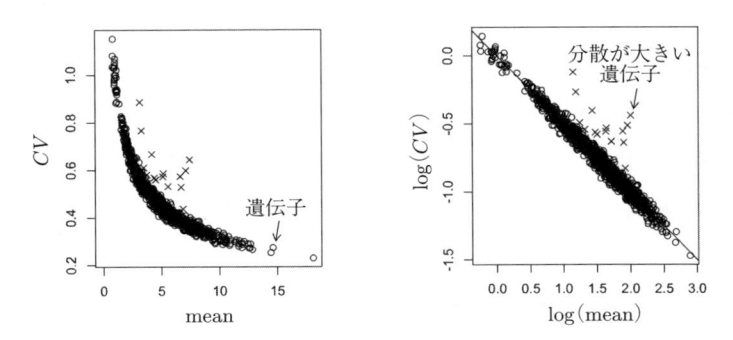

図 7.9　複数の分布に従う遺伝子を一部含むシミュレーションデータに対する標本平均と CV のプロット

　ただし，実データにおいて $\log(\bar{X}_i)$ と $\log(CV_i)$ の関係が $y = -0.5x$ の直線と一致せず，特に平均値が大きくなると直線から大きく外れる場合があることが知られている。この点を解決するため，過分散にも強い負の二項分布を用い

る手法も提案されている。あるいは，単に非線形関数で $\log(CV)$ と $\log(\bar{X})$ の関係をフィッティングし，そのフィッティングカーブからの上方へのズレを見るというアプローチが用いられることもある。さらに，上記アプローチのほかにも，単に分散を見るのではなく，発現の分布として二峰性（bimodal）を示す遺伝子を選択する方法も提案されている。

　つぎに，負に二項分布の場合の説明をする。負の二項分布においては，CV と μ の間には $CV^2 = 1/\mu + \phi$ が成り立つ。ここで，ϕ は 5.1.1 項で導入した分散のパラメータである。このとき，μ と CV の両対数グラフにおいて，μ が小さいときはポアソン分布と同様に -0.5 の傾きが現れ，μ が大きいときは $0.5\log\phi$ に漸近することが期待される。実際のデータを解析すると，図 7.9 右のような直線にはならず，$\log(\mathrm{mean})$ が大きくなると定数に漸近する様子が観察できることが多い。

7.6.2　PCA に基づく遺伝子選択

　PCA を用いて遺伝子を選択するというアプローチもいくつか提案されている[94],[95]。次元圧縮のために遺伝子選択をしているのに，遺伝子選択のために PCA をするとはどういうことかというと，例えば PCA と遺伝子選択を繰り返し行うというアプローチが存在する[94]。PCA では，低次元空間が求まるとともに各軸に対する各特徴量（ここでは遺伝子）の寄与率も同時に求まる。そこで，本質的な空間であると考えられる上位 K 個までの PC 軸に対し有意に寄与する遺伝子を選択することで，重要な遺伝子のみを選択することが可能である。

7.6.3　外部知識に基づく遺伝子選択

　上記二つのアプローチとは異なる視点として，外部知識を用いて遺伝子を直接的に限定する手法も存在する。例えば，組織を識別するのに重要な転写因子リストなどが研究されており，そのような遺伝子リストを使うのは一つの手段だろう[†]。あるいは，Gene Ontology などのデータベースを用いて，いま解析

---

† 6 章で紹介した MSigDB などにさまざまな遺伝子リストが整備・登録されている。

している実験系に適している遺伝子リストを選択することも可能かもしれない。また，細胞周期のバラツキが次元圧縮に反映されクラスタが曖昧になるというケースが，1 細胞 RNA-seq を中心に報告されている。したがって，細胞周期に関わる遺伝子リストをデータベースから取得し，逆にそれらの遺伝子を「除外する」という選択をすることもできる。

　これらのアプローチは，これまでの生物学の知見を活用した有効な手法であるが，一方で主観が大きく入る危険性もあるため，恣意的な結果を導いていないか注意しつつ解析を進める必要がある。

7.7　本章のまとめ

　本章では，次元圧縮の最も基本的な手法である PCA や，データの類似性に基づく手法であるラプラシアン固有マップなどを導入した。その上で，より発展的な手法であり近年多くのトランスクリプトーム関連論文で採用されている t-SNE を紹介した。最近では，理論的にもよい性質を持ち，かつ実験的にもよい結果を示すことが報告されている UMAP と呼ばれる手法が注目を集めている[88),89)]†。また，近年の機械学習分野で注目を集めている，非ユークリッド空間の一つの双曲空間を使った埋め込みも紹介した。

　次元圧縮は，社会に存在するさまざまな高次元データ解析において基盤となる手法の一つであり，数理科学および情報科学の研究者によってさまざまな優れた手法が提案・改良され進化し続けている。したがって，最新の理論を網羅的に理解した上でトランスクリプトーム解析で活用することは残念ながら非現実的であろう。しかしながら，これらの手法の基礎となる理論を理解すれば，多少なりともその視界が開けるはずである。本章の内容を踏まえ，さらにその先を学習し，自らのトランスクリプトーム解析に活用していただければ幸いである。

---

　† 　ただし，この実験結果は t-SNE と UMAP の手法の本質的な違いではなく，別の処理の効果だという議論もあり，明確な良し悪しを断言することはできない[96)]。

　本章で紹介したように，多くの次元圧縮は「行列分解」に基づいている。行列分解は，次元圧縮に限定されず，多様なデータ解析において強力なツールとなっている。行列分解およびその発展と，バイオインフォマティクスの応用に関しては，**日本バイオインフォマティクス学会**（JSBi）が発行するオープンアクセスの日本語総説誌である，JSBi Bioinformatics Review 誌における『行列・テンソル分解によるヘテロバイオデータ統合解析の数理』シリーズが非常によくまとまっているので，そちらを参照してほしい[97),98)]。また拡散マップの項目で紹介したグラフ（ネットワーク）の観点からの知見に関しては，ネットワークに基づくバイオインフォマティクスへの応用も含め，同誌より出版されている『ネットワーク伝播による生物ネットワーク解析』が参考になるので参照してほしい[99)]。

　最後に，抽象的な応用例を一つ挙げて本章を締めたい。仮にトランスクリプトームデータのサンプル間で何かしらの類似性が事前に与えられているとき，それをラプラシアン行列で表し目的関数に加え，その上でトランスクリプトームデータを PCA するといったアプローチも本章の知識からだけでも導出することができる[†]。

[†]　これはグラフラプラシアン PCA と呼ばれる[100)]。

8 クラスタリング

　前章では，高次元なトランスクリプトームデータからデータの背後に潜む本質的な構造を抽出・可視化すべく，低次元空間へ写像する次元圧縮法を紹介した。トランスクリプトーム解析において次元圧縮を行う目的の一つには，データの背後に存在するかもしれない生物学的に意味のある離散的な構造を発見することが挙げられる。例えば，同一の疾患に罹患していると思われる複数の患者由来のデータであっても，実際には性質の異なるいくつかの未知の分類が存在するかもしれない。また，疾患のモデル細胞にさまざまな化合物を加えたトランスクリプトームデータを取得した上で，発現量の類似性から同じような効果を持つ化合物を検出するという研究もある。このような場合，次元圧縮しただけでは解釈・解析を続ける上で不便なことが多く，何かしら複数のまとまりに分類したほうが，その後の発現変動解析などを行う上で都合がよいことが多い。このように複数の離散的なグループ（クラスタ）に分類するアプローチを**クラスタリング**（clustering）と呼ぶ。

　本章では，クラスタリングアルゴリズムにおける基本的なアルゴリズムであるユークリッド距離に基づく k-means 法，データ間の類似性に基づくスペクトラルクラスタリング，そしてデータ間の密度に基づく DBSCAN などのクラスタリングアルゴリズムを紹介する。また，ネットワーク上のクラスタリングに相当する**コミュニティ検出**（community detection）の手法である Louvain 法も紹介する。

8.1 k-means 法

あるサンプル i の特徴量ベクトルを $\boldsymbol{x}_i$ としたとき,この特徴量を基にサンプルを K 個のグループ(クラスタ)に分類することを考える。ここで扱う特徴量ベクトルは,遺伝子の発現量ベクトルそのものでもよいし,次元圧縮した結果 [†1] でもよい。ここで,あるサンプル i が所属するクラスタの情報を,$\gamma_i = \{\gamma_{ik} | k = 1, \ldots, K\}$ という K 次元のベクトルを用いて表すとする。この γ_{ik} は,サンプル i が仮にクラスタ j に所属するときは式 (8.1) のようになるとする。

$$\gamma_{ik} = \begin{cases} 1, & k == j \text{ のとき} \\ 0, & \text{それ以外のとき} \end{cases} \tag{8.1}$$

k-means 法(k-means clustering)の目的関数は,上記のように定義した変数 γ_i を用いて以下の式 (8.2) のように定義される。

$$J_K = \sum_{i=1}^{N} \sum_{k=1}^{K} \gamma_{ik} \|\boldsymbol{x}_i - \mu_k\|^2 \tag{8.2}$$

ただし,μ_k はクラスタ k における代表ベクトル(一般的には平均ベクトル)である。k-means 法では,ユークリッド空間上に分布するデータの背後には K 個の真のクラスタの構造(ここでは μ_k)が存在し,各データがその真の構造の近傍に存在すると考え,これを $\boldsymbol{x}_i$ と μ_k のユークリッド距離で評価している。

この式 (8.2) の局所最適解となる γ_i と μ_k を効率的に計算するアルゴリズムが k-means 法であり,そのアルゴリズムは**アルゴリズム 8.1** のとおりである(アルゴリズムの概要図を**図 8.1** に示す)[†2]。上記アルゴリズムによる手続きにおいて,γ_i の更新では,現在の μ_k に基づいて二乗誤差が小さくなるようなクラ

[†1] 例えば PCA をして得られた PC1 から PCm までの値を利用する。
[†2] 式 (8.2) の最適化問題は NP 困難であり,大域最適解を効率的に計算することはできない。

アルゴリズム 8.1　　k-means 法

1: μ_k $(k = 1, \ldots, K)$ をランダムに選んだデータの平均値を用いて初期化。
2: **while** 収束するまで **do**
3:　　$//\gamma_i$ の更新
4:　　**for** $i = 1$ to N **do**

$$\gamma_{ik} = \begin{cases} 1, & \text{if } k == \underset{k}{\operatorname{argmin}} \|\boldsymbol{x}_i - \mu_k\|^2 \\ 0, & \text{それ以外のとき} \end{cases}$$

5:　　**end for**
6:
7:　　$//\mu_k$ の更新
8:　　**for** $k = 1$ to K **do**

9:　　　$N_k = \displaystyle\sum_{i=1}^{N} \gamma_{ik}$

10:　　　$\mu_k = \dfrac{1}{N_k} \displaystyle\sum_{i=1}^{N} \gamma_{ik}\boldsymbol{x}_i$

11:　　**end for**
12: **end while**

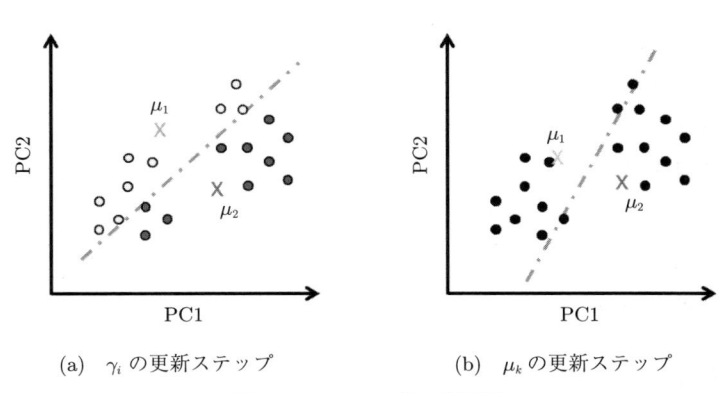

(a)　γ_i の更新ステップ　　　　　(b)　μ_k の更新ステップ

図 **8.1**　k-means 法の概要図

スタを選択するため，目的関数の値が大きくなる（悪化する）ことはない。また，μ_k の更新では，現在の γ_i に基づいて二乗誤差を最小化する中心（すなわち平均ベクトル）を求めているため，目的関数の値が大きくなることはない。したがって，上記操作を繰り返すことで，やがて局所最適解にたどり着くことが保証される。もちろん，上述のアルゴリズムで得られるクラスタリングの結果

は初期値依存性のある局所解であるので，実用的にさまざまな初期値で上記アルゴリズムを実行し，それらの結果の中で目的関数が最小となるクラスタリング結果を採用するなどの工夫をする必要がある。

8.1.1 クラスタ数の決定方法

ここまで，クラスタ数 K は何かしらの与えられた数としていた。トランスクリプトーム解析においては，例えばその背後に疾患状態と非疾患状態が想定される場合には $K = 2$ と設定するなど，生物学的な視点からクラスタ数をあらかじめ決めることが妥当な場合もあるだろう。しかしながら，背後に存在するクラスタ数を事前に知ることは一般的にはできず，クラスタ数という情報もまた生物学的に興味のある問題であることが多い。したがって，何かしらの指標に基づいて妥当なクラスタ数を選択する必要がある。そのため，ここでは**ギャップ統計量**（gap statistic）に基づくクラスタ数の決定方法を紹介する。

まず前提として，K を大きくすると目的関数 J_K の値は最適解において明らかに小さくなる（以降は，目的関数の値は γ_i および μ_k を最適化した後の値を表すとする）。目的関数の値が小さくなるからといって，むやみに K を大きくすることは過剰にクラスタを分割し，最終的にはすべてのサンプルを別のクラスタに分けるという無意味な結果となってしまう。そこで，K を過剰に大きくしたときに何かしらのペナルティが発生するような指標を考えるとする。そのような指標の一つとして，式 (8.3) のようなギャップ統計量が提案されている。

$$\mathrm{Gap}_K = \frac{1}{B} \sum_{b=1}^{B} \log J'_{Kb} - \log J_K \tag{8.3}$$

ここで，J'_{Kb} はデータが存在する範囲で一様ランダムにサンプリングしたランダムデータに対し，同様に最適化した後の目的関数の値である。そして，この操作を B 回繰り返したときの平均値が第一項である。一様ランダムなデータを K 個のクラスタに分割した場合と，実データを K 個のクラスタに分割した場合の目的関数の値を比較することで，一様ランダムな場合と比較し意味のある分割だったかを評価することができ，K を増やすことへの歯止めとなると期待

される。したがって，この Gap_K が最大となる K を選択することが，クラスタ数を客観的に決定する手段の一つである†。

8.1.2　混合ガウスモデル

k-means 法は，**混合ガウスモデル**（Gaussian mixture model；GMM）という生成モデルによるクラスタリングの特殊ケースであることが知られている。本項では混合ガウスモデルに基づくクラスタリングの考え方と最適化法を紹介する。

混合ガウスモデルでは，K 個のクラスタが背後に存在するとき，それらのクラスタからその存在比 π_k に従って，平均 μ_k，分散共分散行列 $\boldsymbol{\Sigma}_k$ の多変量ガウス分布からデータが生成される過程を考える。

$$P(\boldsymbol{x}_i) = \sum_{k=1}^{K} \pi_k \mathcal{N}(\boldsymbol{x}_i | \mu_k, \boldsymbol{\Sigma}_k) \tag{8.4}$$

ここで，あるデータ i がいずれのガウス分布から出力されるかを K 次元の二値確率変数 $\boldsymbol{z}_i$ で表す（これを**潜在変数**（latent variable）と呼ぶ）。この $\boldsymbol{z}_i$ は k-means 法における γ_i のように，いずれか一つの要素で 1 をとり，ほかは 0 となるようなベクトルである（これを **1-of-K 表現**（1-of-K representation）と呼ぶ）。この $\boldsymbol{z}_i$ の周辺分布は，π_k によって定義される。

$$P(\boldsymbol{z}_{ik} = 1) = \pi_k \tag{8.5}$$

この潜在変数を用いると，全データ $\boldsymbol{X}$ と全サンプルの潜在変数を $\boldsymbol{Z}$ としたとき，$\boldsymbol{X}$ と $\boldsymbol{Z}$ があるパラメータセット θ（ここでは π，μ，$\boldsymbol{\Sigma}$）から生成される確率は式 (8.6) で表される。

$$P(\boldsymbol{X}, \boldsymbol{Z} | \theta) = \prod_{i=1}^{N} \prod_{k=1}^{K} \pi_k^{\boldsymbol{z}_{ik}} \mathcal{N}(\boldsymbol{x}_i | \mu_k, \boldsymbol{\Sigma}_k)^{\boldsymbol{z}_{ik}} \tag{8.6}$$

---

† ギャップ統計量は K に対して上に凸な関数というわけではなく，実際には $K = 1$ から調べていったときに現れる最初の極大点となる K を選択したり，ギャップ統計量がある程度飽和し始めているような K を選ぶといった操作が行われることが多い。

そしてこの同時分布の対数をとると，式 (8.7) のようになる。

$$\ln P(\boldsymbol{X}, \boldsymbol{Z}|\theta) = \sum_{i=1}^{N} \sum_{k=1}^{K} \boldsymbol{z}_{ik} \left(\ln \pi_k + \ln \mathcal{N}(\boldsymbol{x}_i|\mu_k, \boldsymbol{\Sigma}_k) \right) \tag{8.7}$$

このように潜在変数が含まれる同時分布 $P(\boldsymbol{X}, \boldsymbol{Z}|\theta)$ が与えられ，そして真の目的は尤度関数 $P(\boldsymbol{X}|\theta)$ の θ を最大化することにあるとき，**アルゴリズム 8.2** に示す EM アルゴリズムというアプローチを用いてパラメータを最適化することができることが知られている [†1]。

アルゴリズム 8.2   EM アルゴリズム

1: θ^{old} をランダムに初期化。
2: **while** パラメータが収束するまで **do**
3:　　 // E ステップ
4:　　 $P(\boldsymbol{Z}|\boldsymbol{X}, \theta^{\text{old}})$ の計算。
5:
6:　　 // M ステップ
7:　　 $\theta^{\text{new}} = \underset{\theta}{\operatorname{argmax}} \sum_{\boldsymbol{Z}} P(\boldsymbol{Z}|\boldsymbol{X}, \theta^{\text{old}}) \ln P(\boldsymbol{X}, \boldsymbol{Z}|\theta)$ の計算。
8: **end while**

混合ガウスモデルにおいては，E ステップは以下のようにサンプルに対し独立に計算することができる [†2]。

$$\gamma_{ik} \equiv P(\boldsymbol{z}_{ik} = 1|\boldsymbol{x}_i, \theta) = \frac{\pi_k \mathcal{N}(\boldsymbol{x}_i|\mu_k, \boldsymbol{\Sigma}_k)}{\sum_{j=1}^{K} \pi_j \mathcal{N}(\boldsymbol{x}_i|\mu_j, \boldsymbol{\Sigma}_j)} \tag{8.8}$$

また，M ステップは以下の式 (8.9) の Q 関数の最大化を行うことになる。

$$\mathcal{Q} \equiv \sum_{\boldsymbol{Z}} \gamma_{ik} \ln P(\boldsymbol{X}, \boldsymbol{Z}|\theta) \tag{8.9}$$

計算過程は割愛するが，混合ガウスモデルでは $\mathcal{Q}$ に対する各パラメータの微分を解析的に解くと，以下の更新式 (8.10) を導出することができる [†3]。

[†1] ただし局所解である。また，いずれか一つのガウス分布が一つのサンプルにのみ完全にフィットし $\boldsymbol{\Sigma}_k$ が 0 の極限で尤度関数は無限大になるため不良設定問題でもあることにも注意が必要である。

[†2] ここで現れるパラメータはすべて θ^{old} に相当するものとする。

[†3] 正確にはラグランジュ未定乗数法などを使用する必要がある。詳細は他書[48]に譲る。

$$\mu_k = \frac{1}{N_k} \sum_i^N \gamma_{ik} \boldsymbol{x}_i,$$

$$\boldsymbol{\Sigma}_k = \frac{1}{N_k} \sum_i^N \gamma_{ik} (\boldsymbol{x}_i - \mu_k)(\boldsymbol{x}_i - \mu_k)^{\mathrm{T}},$$

$$\pi_k = \frac{N_k}{N} \tag{8.10}$$

ただし，$N_k = \sum_i \gamma_{ik}$ である。そして，混合ガウスモデルでは最終的に E ステップで得られた γ_{ik} が，データ i がクラスタ k に所属する期待値を表していることになる。よって，例えばその最大値をとるクラスタに割り当てることで離散的に分類することができる。あるいは，期待値のまま解析することもできるだろう。

混合ガウスモデルにおける EM アルゴリズムと k-means 法を比較すると，その実態はきわめて似ていることがわかるだろう。違いと言えば，k-means では γ_{ik} を決定論的に決めて最適化しているのに対し，混合ガウスモデルではその期待値を計算して曖昧性も考慮して最適化していることや，クラスタの存在比や分散共分散構造もモデルに含まれているといった点である。と言うのも，k-means 法は式 (8.11) のような，対角な分散共分散行列でかつその対角要素が共通かつ十分に小さい値となる混合ガウスモデルを考えると，期待値 γ_{ik} は決定論的に一つのクラスタに割り当てた値とほぼ同義であり，したがって平均 μ_k のみを最適化している EM アルゴリズムと一致することが知られている。

$$\mathcal{N}(\boldsymbol{x}_i | \mu_k, \boldsymbol{\Sigma}_k) = \frac{1}{(2\pi\epsilon)^{M/2}} \exp\left(-\frac{1}{2\epsilon} \|\boldsymbol{x}_i - \mu_k\|^2\right) \tag{8.11}$$

このように，k-means 法と混合ガウスモデルに基づくクラスタリングを比較すると，例えば分散共分散行列がクラスタごとに違うような状況において，混合ガウスモデルによるクラスタリングのほうが妥当だといえる（図 **8.2**）。また，確率モデルにしたことで，データが所属するクラスタの曖昧性を評価できることも利点として挙げられる。混合ガウスモデルではあるサンプル i がクラスタ k に所属する期待値（γ_{ik}）として結果が得られるため，例えばどのクラスタに

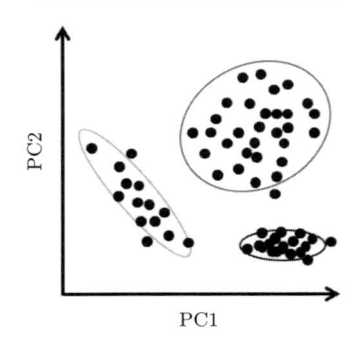

図 8.2 混合ガウスモデルに基づく
クラスタリングの概念図

割り当てるか曖昧なサンプルの最大確率は小さくなると想定される。クラスタ
リング後に発現変動解析などを行うときは，そのような曖昧なサンプルは事前
に取り除くことも考えられ，そのような操作のためにも確率的解釈ができるこ
とは重要な利点である。

コーヒーブレイク

　このように，背後に存在する異なる構造を混合モデルで確率的に表現するアプ
ローチは，さまざまな効果をモデルに加えたり変形することが比較的容易に行
え，クラスタリングのみでなくさまざまな目的で応用されている。例えば，4 章
で紹介した RNA-seq のリードの生成モデルに基づく発現量の定量法では，リー
ドが由来する転写産物を潜在変数とした混合モデルが使われており，EM アルゴ
リズムによって「存在量」を推定していた。トランスクリプトームデータのみで
なく，多くの生物学的データではさまざまな構造や効果が背後に潜んでおり，そ
れらが混ざった状態で観測データが得られるケースが非常に多い。したがって，
このような混合モデルに基づく考え方を習得しておくと，さまざまなデータ解析
の現場で自身でモデルを構築し，より適切な解析ができるようになるだろう。

8.2　グラフカットとスペクトラルクラスタリング

　k-means 法では，背後に真のクラスタ構造が存在すると仮定し，その構造の
中心とのユークリッド距離を最小化することを考えていた。本節では，データ
間の類似性・連結性を重視したクラスタリング手法の一つである**スペクトラル**

クラスタリング（spectral clustering）を紹介する。このようなアルゴリズム
は，ガウス分布では捉えることのできないデータのつながりの構造が重要な場
合において，特に強力なアプローチとなる（**図8.3**）。

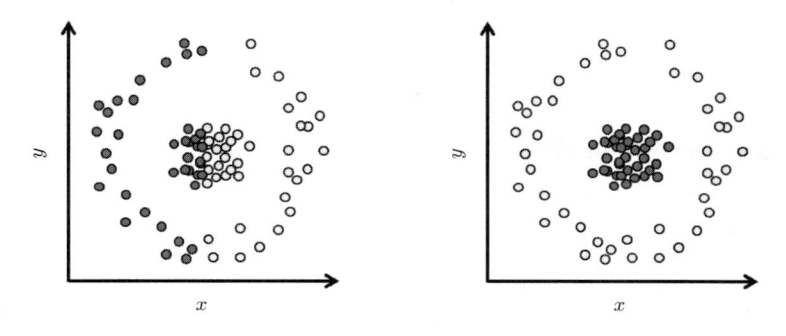

(a) k-means 法によるクラスタリング
　　 結果の概念図

(b) スペクトラルクラスタリングによる
　　 クラスタリング結果の概念図

図 8.3　k-means 法とスペクトラルクラスタリングの特徴

8.2.1　グラフカット

まずは，スペクトラルクラスタリングと深く関連するアプローチである**グラ
フカット**（graph cut）の導入から始める。グラフカットとは，与えられたグラ
フ構造を K 個の独立な部分グラフに切断するものである。そして，切断される
辺の重みの総和によって切断のコストを定義したとき，これを最小化する切断
が最小カットである。そして最小カットによってできた K 個の部分グラフが，
それぞれ同じクラスタに含まれるデータを表している（**図 8.4**）。

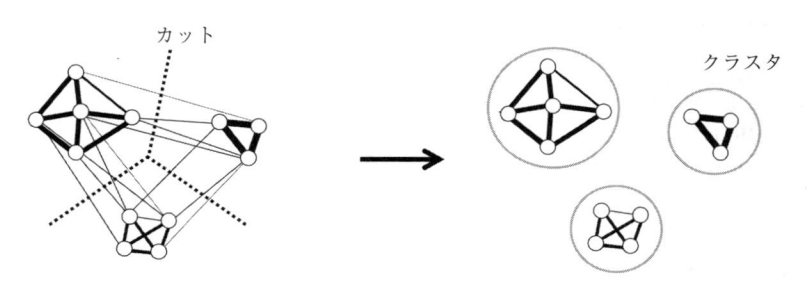

図 8.4　グラフカットの概念図

データ間の類似度行列が $\boldsymbol{W}$ で与えられているとき，グラフを K 個の部分グラフに切断するコストは式 (8.12) で定義される。

$$\mathrm{cut}(A_1, A_2, \ldots, A_K) = \frac{1}{2} \sum_{k=1}^{K} \sum_{i \in A_k} \sum_{j \in \overline{A_k}} \boldsymbol{W}_{ij} \tag{8.12}$$

ただし，A_k は k 番目の部分グラフに含まれるデータ点の集合で，$\overline{A_k}$ は A_k に含まれない全データ点を表す集合である。$K = 2$ のときは特に，データ i が所属するクラスタを $y_i = 0$ あるいは 1 で表したとき，上述のコスト関数は式 (8.13) のように書き直すことができる。

$$\mathrm{cut}(A_1, A_2) = \frac{1}{2} \sum_{i,j} (y_i - y_j)^2 \boldsymbol{W}_{ij} \tag{8.13}$$

このコスト関数は，前章で説明したラプラシアン固有マップの目的関数とほぼ一致している。ただし，ここでは y_i は 0 あるいは 1 の二値のみをとる。この 0，1 の組合せのうちで最小となる組合せが最小カットである。$K = 2$ の場合における最小カットは，アルゴリズム 8.3 の Stoer-Wagner の最小カットアルゴリズムによって効率的に求めることができる。頂点を結合したりというように，実際の手続きを言葉で伝えることが難しいが，重要なことは最小カットと

アルゴリズム 8.3　　Stoer-Wagner 最小カットアルゴリズム

1: ランダムに頂点（データ）を一つ選び，リスト L に加える。
2: **while** L に入っていない頂点が残っている **do**
3:　　L に $\displaystyle\operatorname*{argmax}_{i \in \overline{L}} \sum_{j \in L} \boldsymbol{W}_{ij}$ となる頂点 i を加える。
4: **end while**
5:
6: L の最後尾の要素を取り出し，その頂点とその他頂点の間のカットのコスト C を計算。
7: //今後，この要素（の集合）の頂点を X とする。
8: **while** L に頂点が残っている **do**
9:　　L の最後尾の要素を取り出し，X と頂点を統合する。
10:　　頂点の統合に伴う $\boldsymbol{W}$ の更新（$\boldsymbol{W}$ の次元は一つ小さくなる）。
11:　　統合した頂点と，その他残りの頂点との間のカットのコスト C' を計算。
12:　　$C = \min(C, C')$
13: **end while**
14: return C　（およびそれを達成したカットのパターン）

なりうるカットのパターンは，リスト L に加えた順のどこか左右でカットする
パターンに限られることである。つまり，全カットの組合せを調べる必要がな
いということである。

　さて，このように効率的に最適解を求めるアルゴリズムが $K = 2$ の場合は
存在する一方で，最小カットにはつぎのような問題点がある。最小カットでは，
他の頂点すべてと少し離れている点 i が存在すると [†1]，その頂点 i とそれ以外
の全頂点という極端な分割を選択する傾向があることが知られている。このよ
うな極端な分割はクラスタリングの目的から考えると不適当であることが多い。
この問題を解決すべく，クラスタ内の頂点が持つ辺の和を用いて正規化すると
いう正規化カット（normalized cut；Ncut）という手法が提案されている。正
規化カットでは式 (8.14) のようなコスト関数を考えている。

$$\mathrm{Ncut}(A_1, A_2, \ldots, A_K) = \frac{1}{2} \sum_{k=1}^{K} \frac{\mathrm{cut}(A_k, \overline{A}_k)}{\mathrm{vol}(A_k)} \tag{8.14}$$

ただし，$\mathrm{vol}(A_k) = \sum_{i \in A_k} \sum_{j=1}^{N} W_{ij}$ とする。この正規化により，各クラスタのサ
イズが $\mathrm{vol}(A_k)$ でバランスがとられるような効果が含まれ，結果として先述の
ような極端な分割ではなく，比較的バランスがとれた分割が選択されるように
なると期待される。しかしながら，このような制約を加えたことで，効率的に
最適化することができないことが知られている [†2]。

8.2.2　スペクトラルクラスタリング

　スペクトラルクラスタリングは，効率的に解けない正規化カットのコスト関
数（式 (8.14)）に対し，近似的に解を求めるアプローチを与えてくれる。具体
例として $K = 2$ のときを考え，クラスタリングした結果データ i が A_1，A_2 に
所属するときに $f_i = 1/\mathrm{vol}(A_1)$，$f_i = -1/\mathrm{vol}(A_2)$ となるようなベクトル $\boldsymbol{f}$ を

[†1]　すなわち，他のすべての j に対して W_{ij} が小さいとき。
[†2]　Ncut の最小化は NP 困難である。

考える。すると，式 (8.15) のような二つの関係式が成り立つ†。

$$
\begin{aligned}
\boldsymbol{f}^{\mathrm{T}}\boldsymbol{L}\boldsymbol{f} &= \sum_{ij}(\boldsymbol{f}_i - \boldsymbol{f}_j)^2 \boldsymbol{W}_{ij} \\
&= \sum_{i\in A_1, j\in A_2}\left(\frac{1}{\mathrm{vol}(A_1)} + \frac{1}{\mathrm{vol}(A_2)}\right)^2 \boldsymbol{W}_{ij},
\end{aligned}
$$

$$
\begin{aligned}
\boldsymbol{f}^{\mathrm{T}}\boldsymbol{D}\boldsymbol{f} &= \sum_i \boldsymbol{f}_i{}^2 \boldsymbol{D}_{ii} \\
&= \sum_{i\in A_1}\frac{\boldsymbol{D}_{ii}}{\mathrm{vol}(A_1)^2} + \sum_{i\in A_2}\frac{\boldsymbol{D}_{ii}}{\mathrm{vol}(A_2)^2} \\
&= \frac{1}{\mathrm{vol}(A_1)} + \frac{1}{\mathrm{vol}(A_2)}
\end{aligned}
\tag{8.15}
$$

したがって，正規化カットのコスト関数（式 (8.14)）と合わせると，式 (8.16) が導かれる。

$$
\begin{aligned}
\mathrm{Ncut}(A_1, A_2) &= \frac{1}{2}\sum_{i,j}(f_i - f_j)^2\left(\frac{1}{\mathrm{vol}(A_1)} + \frac{1}{\mathrm{vol}(A_2)}\right)\boldsymbol{W}_{ij} \\
&= \frac{\boldsymbol{f}^{\mathrm{T}}\boldsymbol{L}\boldsymbol{f}}{\boldsymbol{f}^{\mathrm{T}}\boldsymbol{D}\boldsymbol{f}}
\end{aligned}
\tag{8.16}
$$

ここで簡単のため，$\boldsymbol{y} = \boldsymbol{D}^{1/2}\boldsymbol{f}$ となる $\boldsymbol{y}$ を導入すると，式 (8.16) は式 (8.17) のように書き直すことができる。

$$
\mathrm{Ncut}(A_1, A_2) = \frac{\boldsymbol{f}^{\mathrm{T}}\boldsymbol{L}\boldsymbol{f}}{\boldsymbol{f}^{\mathrm{T}}\boldsymbol{D}\boldsymbol{f}} = \frac{\boldsymbol{y}^{\mathrm{T}}\boldsymbol{D}^{-1/2}\boldsymbol{L}\boldsymbol{D}^{-1/2}\boldsymbol{y}}{\boldsymbol{y}^{\mathrm{T}}\boldsymbol{y}} = \frac{\boldsymbol{y}^{\mathrm{T}}\tilde{\boldsymbol{L}}\boldsymbol{y}}{\boldsymbol{y}^{\mathrm{T}}\boldsymbol{y}}
\tag{8.17}
$$

ここで，$\tilde{\boldsymbol{L}} = \boldsymbol{D}^{-1/2}\boldsymbol{L}\boldsymbol{D}^{-1/2}$ は「正規化したグラフラプラシアン」である。ラプラシアン固有マップにおいて「正規化したグラフラプラシアン」として紹介したが，その背後には最小カットと正規化カットの関係性が，$\boldsymbol{L}$ と $\tilde{\boldsymbol{L}}$ の関係性にもあると言える。

　この最小化は依然として NP 困難であるが，ここで $\boldsymbol{y}$ が 0，1 の二値ではなく連続値となることを許容し，かつ正規性を満たすとすると，この最小化は正規化したラプラシアン行列に対するラプラシアン固有マップと同義であることがわ

---

†　最初の式変形は前章のラプラシアン固有マップにおける式変形と同様である。

かるだろう。したがって，正規化ラプラシアン行列を固有値分解すると，その第2固有ベクトルが最小化する y である。もちろん固有ベクトルは連続値であるため，何かしらの閾値によって離散化することで $K = 2$ のときの正規化カットの近似解が得られる。また，クラスタ数を一般化し K 個のクラスタを求める場合には，固有値が小さいほうからいくつかの固有ベクトルを抽出し，それに対して k-means 法を行うアプローチがある。あるいは，第2固有ベクトルを用いて二つのクラスタに分割し，分割後の部分グラフに対して同様の操作を再帰的に行うというトップダウンに階層的なクラスタリングを行うこともできる。

━コーヒーブレイク━

トランスクリプトーム解析以外のバイオインフォマティクスにおけるスペクトラルクラスタリングの活用例として，系統樹の再構築を行う GS 法が挙げられる[101]。GS 法では配列類似性グラフを出発点とし，スペクトラルクラスタリングに基づきトップダウンにクラスタを分割し，階層的なクラスタリング，つまり木構造を推定している。一般的な系統樹推定法では類似するものどうしを結合するボトムアップなアプローチがほとんどであるが，それらでは多重配列アライメントや距離行列が必要とされることが多く，進化的に遠い種の系統樹を再構築する上では問題があることが知られている。GS 法では配列類似性グラフによってそれらの問題を克服している。

本項では，データの連結性に基づくクラスタリング手法として，グラフの正規化カットの近似解を求めるスペクトラルクラスタリングを紹介した。そしてその実態が，正規化したグラフラプラシアンの固有値分解に基づいていることを示した。この固有値分解の手続きは，ラプラシアン固有マップと同じである。したがって，スペクトラルクラスタリングではラプラシアン固有マップによって次元圧縮した空間で，k-means 法を行っているというように理解することもできる。

8.3 DBSCAN

k-means 法および混合ガウスモデルでは，ユークリッド空間でガウス分布状のクラスタが存在することを想定していた。したがって，そのような形状から大きくズレたような分布を持つデータのクラスタリングには不向きである。一方で，スペクトラルクラスタリングなどのデータ間の類似性に基づく手法では，分布の形状にとらわれずデータの連結性を重視してクラスタリングできるため，任意な形状のクラスタリングには向いていると言える。しかし，最小カットで顕著になるように，外れ値となるようなデータが存在するときは，その点とその他の点で分離するようなクラスタを選択する傾向があるという問題がある。ここでは，これまでのクラスタリングのアプローチとは少し違った視点で，任意形状のクラスタリングを行う **DBSCAN**（density-based spatial clustering of applications with noise）と呼ばれる手法を紹介する[102]。DBSCAN では特に，すべての点がいずれかのクラスタに所属するということは仮定せず，似ているデータのみを集めてクラスタにまとめるという操作を行っている点が，ここまでに紹介したアルゴリズムと大きく異なる†。したがって，ノイズのようなデータ点がある程度存在しても，それらを無視して本質的なクラスタ構造を抽出できると期待される（図 **8.5**）。

ここで，DBSCAN の入力は何かしらの空間上の特徴量ベクトル x_i とし，データ点間の距離を計算することができるとする。この空間は遺伝子数の発現量空間でもよいし，PCA をした上位の低次元空間，あるいはデータ間の類似性を尊重するならラプラシアン固有マップした低次元空間での特徴量ベクトルでもよい。DBSCAN は，距離の閾値である ϵ と，近傍に存在するデータ数の閾値である MinPts という二つのハイパーパラメータを持つ。仮にデータ i があるクラスタの十分内側に存在する場合，そのクラスタに所属する他のデータも近

---

† したがって，正確にはクラスタリングと言うよりはコミュニティ検出と言うべきかもしれない。

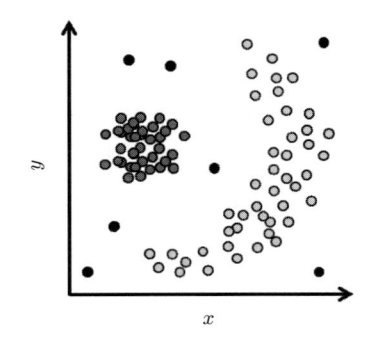

図 8.5 DBSCAN によるクラスタリング
結果の概念図

傍に多数存在するはずと仮定し，$\|\boldsymbol{x}_i - \boldsymbol{x}_j\|^2 < \epsilon$ を満たすデータ j の数が閾値 MinPts 以上存在するかどうかで評価している。MinPts の閾値を超えるとき，データ i から j へは DDR（directly density-reachable）であると言うとする†。一方で，そのクラスタの端に存在するデータでは，その外側にはデータが存在しないはずと考え，$\|\boldsymbol{x}_i - \boldsymbol{x}_j\|^2 < \epsilon$ を満たすデータ数は MinPts より小さくなると想定している。このような考えのもと，任意のデータ点からスタートして DDR な点を同一クラスタとして加えていき，その点からさらに DDR な点をクラスタに加えるという操作を繰り返すことで，一つのクラスタを検出することができる。以降，解析済みのデータ点を取り除いた上でランダムに選んだデータ点から再度スタートし，これを繰り返すことで任意の数の DDR なクラスタを抽出することができる。

　DBSCAN は，ノイズデータの存在下でも，任意形状のクラスタを抽出することができ，かつクラスタ数も自動的に決まるという利点がある。しかし一方で，当然ながらその結果はハイパーパラメータである ϵ と MinPts に大きく依存しており，これらを適切に決定することができるかどうかが重要な問題となっている。例えば，MinPts が小さすぎると異なる真の構造が連結し，大きすぎると逆に分断されることになるだろう。残念ながら，ハイパーパラメータを決める決定的な手法は存在せず，現状では例えばつぎのような基準で選択される。まず，全データにおける最近傍の点までの距離の分布を求める。このとき，多

---

†　データ i から j へ DDR であるからといって，j から i へ DDR とは限らない。

くのデータで最近傍までの距離が d 以下であったとき，d よりやや大きい値を ϵ として選択する。ついで，その ϵ を基に，$\|\boldsymbol{x}_i - \boldsymbol{x}_j\|^2 < \epsilon$ を満たすデータ j の数を各データに対し求めて分布を書く。ここで外れ値やクラスタの端に存在するデータがどのあたりに存在するかを分布から見極め，それより大きい値を MinPts として選択する。ノイズのようなデータが多数存在すれば二峰性になると期待され，どのあたりで分離すればよいか判断しやすいが，そうでないケースにおいては何かしら恣意的にどこで切るかを決める必要がある。

8.4　Louvain　法

　本章の最後に，サンプルサイズが膨大なデータに対しても高速にクラスタリングが可能なアルゴリズムである **Louvain 法**（Louvain method）を紹介する[103]。Louvain 法は，大規模なネットワーク構造に対し，密につながっている部分構造（コミュニティ）を高速に見つけるために開発されたアルゴリズムである†。このような大規模データに対し高速にクラスタリング可能なアルゴリズムは，9 章で紹介するような膨大なサンプルサイズ（細胞数）のトランスクリプトームを計測可能な 1 細胞 RNA-seq の解析などにおいて特に有効なアプローチとなる。ここでは 1 細胞 RNA-seq を想定し，膨大な数の細胞に対し 1 細胞レベルのトランスクリプトームが得られたとき，Louvain 法でクラスタリングを行うという想定で説明する。

　まず，細胞（サンプル）間の類似度が，次元圧縮空間上でのユークリッド距離などで定義されているとする。この段階ではすべての細胞間で，類似度を重みとして持つ辺が存在する全結合なネットワークである。膨大な細胞数分の全結合なネットワークを処理するのは大変なので，ある細胞に対し最も近い細胞から上位 k 個の間に辺を結ぶという k 近傍グラフ（k-nearest neighbor graph）を構築する。そして，この k 近傍グラフに対する隣接行列を $\boldsymbol{A}$ とする。

---

†　したがって正確にはコミュニティを検出するアルゴリズムであるが，クラスタリングとほぼ同じ用途に利用することができる。

このような隣接行列に対し，同一コミュニティ内で辺が密に存在し，コミュニティ間で辺が少ないようなコミュニティに分割すると値が大きくなるという，コミュニティを検出するための指標がいくつも提案されている。それらの中で最も一般的な指標の一つとして，式 (8.18) で定義されるモジュラリティ（modularity）が挙げられる。

$$Q = \frac{1}{2M} \sum_{i,j} \left(\boldsymbol{A}_{ij} - \frac{k_i k_j}{2M} \right) \delta(c_i, c_j) \tag{8.18}$$

ここで，M は全辺の数で $\sum_{i,j} A_{ij} = 2M$ である。また，k_i は $k_i = \sum_j \boldsymbol{A}_{ij}$ で求まる細胞 i の次数，c_i は細胞 i の所属するコミュニティを表すとする。そして，$\delta(c_i, c_j)$ は，細胞 i と j が同じクラスタに所属するときのみ 1 となり，他の場合は 0 となる指示関数である。モジュラリティでは，同一クラスタ内の辺の有無 $\boldsymbol{A}_{ij}$ から，ランダムなネットワークで i と j で結ばれる辺の期待値 $k_i k_j/2M$ を引いたものを個々に足し合わせたものと考えることができる。ここで言うランダムなネットワークとは，ネットワークの辺をすべて半分に切断し，切断された辺どうしでランダムにつなぎ直したものである[†1]。そして，ノード i の切断された辺が，k_j 本あるノード j の切断された辺につながる可能性はおおよそ $k_j/2M$ であり，そしてノード i には k_i 本の辺があるのでおおよそ $k_i k_j/2M$ の期待値の辺が存在すると概算できる[†2]。

また式 (8.18) は，コミュニティ i, j に対して $e_{ij} = \sum_{v \in (c_v=i)} \sum_{w \in (c_w=j)} \boldsymbol{A}_{vw}/2M$ と $a_i = \sum_j e_{ij}$ を定義すると，式 (8.19) のように書き直すことができる[†3]。

$$Q = \sum_{i=1}^{c} (e_{ii} - a_i^2) \tag{8.19}$$

コミュニティ検出では，このモジュラリティ Q を最大化することを目指す。

[†1] このような操作によって次数が同じランダムなネットワークを作ることができる。

[†2] ただしこのモデルでは i と j の間に二つ以上の辺ができる可能性や，辺のつながりの組合せを考えないなど，厳密なものではない。

[†3] c は全コミュニティ数とする。

Louvain 法は以下のステップによってモジュラリティを逐次最適化する。

1. 全ノード（細胞）が異なるコミュニティに所属するとして初期化する。

2. ランダムな順序でノードを訪問し，隣接するいずれかのノードのコミュ
   ニティに更新したときのモジュラリティをそれぞれ計算し，更新前を含
   めモジュラリティが最大となるコミュニティに更新する。

3. モジュラリティが増加しなくなるまで，ステップ 2 を繰り返す。

4. 同一コミュニティに所属するノードを集約し一つのノードにした新しい
   ネットワークを作り，ステップ 2・3 を再度実行する。

5. ステップ 4 をモジュラリティが増加しなくなるまで繰り返す。

6. 最終的なネットワークのノードに集約された元のノード（細胞）セット
   を同一コミュニティと見なす。

なお，Louvain 法の手続きでは逐次最適化の過程で，ネットワークがつながっ
ていないにも関わらず同じコミュニティと見なされる可能性があるなどの問題
点があり†，その改良方法として Leiden 法が近年提案されている[104]）。

8.5　本章のまとめ

本章では，クラスタリングにおいて最も基礎的なアルゴリズムと，大規模デー
タのクラスタリングを得意とし 1 細胞 RNA-seq などで活用される機会が増え
ている Louvain 法を紹介した。これらはその考え方において異なる点は多いも
のの，背後に存在する理論はたがいに独立なものではなく，似ている点も多々
ある。したがって，これらの手法の類似点や相違点を理解し，その利点・欠点を
把握することで，トランスクリプトーム解析を行うときにどのようなアプロー
チでクラスタリングを行うかを判断することができるようになるだろう。

また，本章で紹介した手法は基礎的なアルゴリズムであり，最新の手法や工

---

† ハブとなるノードを介して二つの部分構造がハブを含め同一コミュニティに属すると
　最適化された後，その後の改善ステップでそのハブのコミュニティが変化すると，二つ
　の部分構造の間には一つも辺がなくても同一コミュニティとして推定されたまま終わ
　る可能性がある。

夫などは一切紹介していない。特に，近年の実験技術の進歩によりサンプルサイズが膨大になっている現状，計算コストはトランスクリプトーム解析において重要な性能指標である。次元圧縮同様，クラスタリングにおいても優れた理論や高速な実装など数多くのアルゴリズムやソフトウェアが提案されている。これらのすべてを完全に理解することは困難であろうが，基礎的なものから少しでも理解を深めていけば，よりよい解析ができるだけでなく，いざというときには自身で新しいクラスタリング手法を開発できるだろう。

　最後に，本章で紹介したスペクトラルクラスタリングやLouvain法によるコミュニティ検出など，グラフ（ネットワーク）に関するトピックは，本シリーズの『生物ネットワーク解析』にて生物学への応用も含め詳しく解説されているので，興味を持った読者はそちらを参照してほしい。

9 1細胞RNA-seq解析

　網羅的な遺伝子発現量を 1 細胞解像度で計測可能とした **1 細胞 RNA-seq**（single-cell RNA-sequencing）技術の発展が目覚ましく，さまざまな研究対象に活用されている。本章では，これまでに紹介したトランスクリプトーム解析技術とは別に，1 細胞 RNA-seq データ特有の解析技術に着目し，その目的から原理までを説明する。

9.1　な ぜ 1 細 胞 か

　一般的な RNA-seq においてサンプルとは組織サンプルなどであり，そのサンプル中には多数の細胞が存在している。したがって，そのようなサンプルから RNA を抽出し得られる RNA-seq データというのは，それらの細胞が混ざり合った「平均像としての発現量」であった（**図 9.1 左**）[†1]。そのため，その組織がさまざまな細胞種を含んでいたとしても，それらの細胞種の違いの情報は潰れてしまうことになる。また，たとえ同一の細胞種の細胞であっても，個々の細胞には個性があることが知られており[†2]，そのような違いをこれまでの RNA-seq で検出することは難しかった。このような RNA-seq の限界を克服すべく，マイクロフルイディクスや実験自動化技術などの実験装置の開発やプロトコルの改良といったさまざまな研究・開発により，1 細胞解像度で網羅的な遺伝子発

[†1]　細胞の混ぜ合わせのものをまとめて RNA-seq することから，**バルク RNA-seq**（bulk RNA-seq）などと呼ばれている。

[†2]　このような個性を細胞のヘテロジェネイティ（heterogeneity）と呼ぶ。

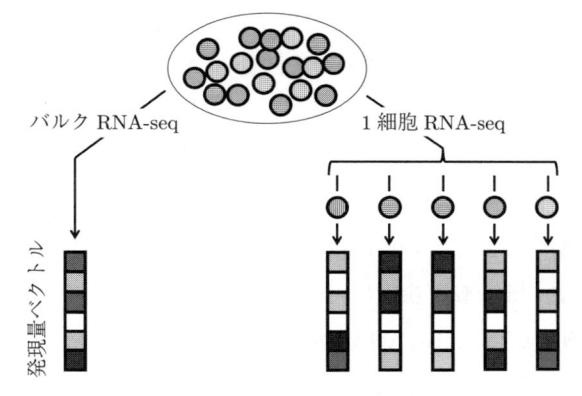

図 9.1 バルク RNA-seq と 1 細胞 RNA-seq の
違いの概要図

現量の計測を可能とする 1 細胞 RNA-seq が実現された（図 9.1 右）†。1 細胞
RNA-seq の実現により，個々の細胞の実態を解き明かすことが可能になり，例
えばヒトを構成する細胞種の全貌を明らかにすることなどを目的とする **HCA**
（Human Cell Atlas）という巨大プロジェクトが進行中である[105]。

　また，ひとえに 1 細胞解像度でトランスクリプトームを取得する 1 細胞 RNA-
seq と言えど，本書の 1 章で紹介したように RNA-seq 自体に多様な手法が存在
し，それぞれ計測するもの，つまり目的が違うことにも注意が必要である。一
般的に，RNA-seq においてはシークエンシングのコストが高いため，ある総
リード数に対してどのようなパフォーマンスが得られるかを勘案することが大
切である。したがって，たくさんの細胞のデータを取得したいときは，ある 1
細胞に該当するリード数は必然的に小さくなることになる。当然，1 細胞に割
り当てられるリード数が減ると，その細胞の発現データのクオリティは下がる
ことになる。このように，1 細胞 RNA-seq では計測する細胞数と各細胞の発現
データのクオリティには本質的にトレードオフがある。したがって，たくさん

---

† 　なお，細胞をばらばらにするなどの操作が困難であるとき，1 細胞ごとに分離する代わ
りに，細胞の核を分離して RNA-seq を行う 1 核 RNA-seq も行われている。細胞と核
の違いにより計測されるものに多少の違いはあるものの，どちらも 1 細胞解像度のト
ランスクリプトームデータであり本質的には類似するデータであることから，本書では
それも含め 1 細胞 RNA-seq として説明する。

の細胞の発現量を計測したいとき，つまり 1 細胞当りのリード数を少なく発現量を計測するには，mRNA の端だけを読む 3' 端 RNA-seq が有効であると考えられる。近年の技術改良により，少ないリード数の 3' 端 RNA-seq であっても発現量を正確に得られるようになってきている[106]。

一方で，スプライシングのパターンを正確に知るなど，ある細胞の転写物の実態を正確に理解する上では full-length RNA-seq のほうが有効である。mRNAのみでなくさまざまな転写産物の実態を正確に捉えることを可能にした 1 細胞RNA-seq 技術としては，RamDA-seq などが提案されている[107]。このように，さまざまな 1 細胞 RNA-seq 技術が開発されており，目的に応じてデータ取得段階から使い分けるとともに，解析においても各手法の強みを活かしたり，欠点を補うことが求められる。

9.2 細胞種の同定

1 細胞 RNA-seq 解析における最も基本的な目的の一つとして，発現量に基づき細胞を「まとまり」に分類することが挙げられる。このようにまとまりに分類するには，8 章で説明したクラスタリングやコミュニティ検出のアルゴリズムが活用される。1 細胞 RNA-seq 解析においては Louvain 法が用いられることが多い。ただし，これらの技術でまとめられた細胞はあくまで計算機上で分類されたクラスタであり，各クラスタが生物学的にどのような意味を持つかはこの段階ではわからない。

本節では，このようにまとめられたクラスタがそれぞれどのような**細胞種**（cell type）に相当するかを推定する，「細胞種の同定」に関するアプローチを紹介する（図 **9.2**）。仮に，サンプル中に存在する細胞種と，その細胞種に対するいくつかの**細胞種特異的マーカー遺伝子**（cell type specific marker gene）に関する事前情報が存在するなら，それらの遺伝子がどのクラスタで発現しているかを調べることで細胞種を同定することができる。もちろん，マーカー遺伝子に関する事前情報がつねに十分に存在するわけではないため，実際にはさまざま

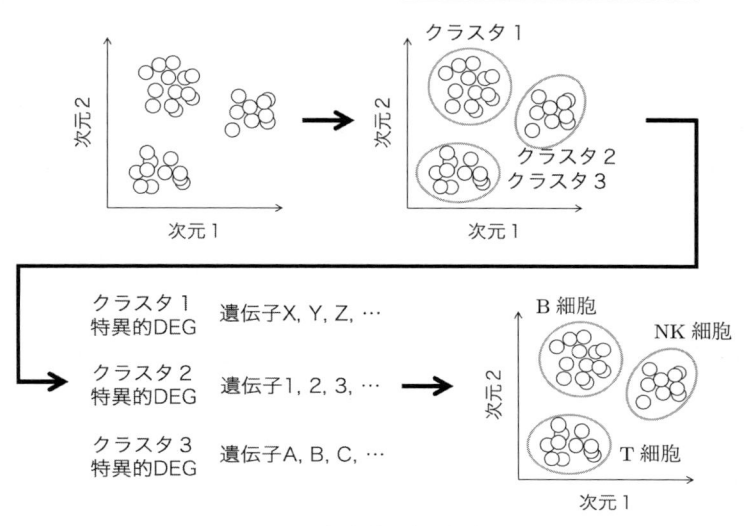

図 9.2　細胞種同定の概念図

な外部情報と照らし合わせつつ各クラスタの発現量に基づき細胞種が推定される。そのためのツールとしては PAGODA や VISION，scTGIF などが公開されている[108]~[110]。

　ここでは，本書のここまでの内容を踏まえ，あるクラスタの細胞種を同定するアプローチの基礎的な考え方を簡単に説明する。まず，そのクラスタで特異的に発現をする遺伝子を，5 章で紹介した発現変動解析などによって列挙する[†1]。つぎに，それらの発現変動遺伝子に対して 6.2 節で紹介したエンリッチメント解析を行うことで，そのクラスタに特徴的な生物学的「意義」を特定する。特に，ヒトの細胞種に特徴的な遺伝子セットというのも HCA プロジェクトの一環として研究され，MSigDB に登録されている[†2]。これらの外部情報に基づきエンリッチメント解析を行った結果から，各クラスタの生物学的意義を同定できると期待される。完全に客観的に細胞種を同定することは難しいが，上記手続きで検出された生物学的意義から，各クラスタの細胞種を推測することがで

[†1]　対象とするクラスタと，それ以外の全クラスタの間の発現変動解析などを行う。
[†2]　https://www.gsea-msigdb.org/gsea/msigdb/supplementary_genesets.jsp

きる[†1]。

9.2.1 複数の 1 細胞 RNA-seq データの統合

1 細胞 RNA-seq 解析では，異なる条件のサンプルに対する 1 細胞 RNA-seq データを統合したり，先行研究のデータと統合したりした上で細胞種の同定や下流の発現解析をすることが求められる場面が多々ある。そのようなとき，単に複数のデータを結合して次元圧縮を行うと，データセット間のバッチ効果の影響が現れ，うまく統合し解析できないことが多い（**図 9.3**）。このとき，5 章で紹介したバッチ効果補正のアプローチが有効ではあるが，それでもこのような差を完全に除去することは難しく，二つのデータセット間でどのクラスタとどのクラスタが同じ細胞種として対応するかなどを，簡単に推測できないことがほとんどである。このような課題を解決すべく，複数の 1 細胞 RNA-seq データをうまく次元圧縮空間上で統合するアプローチが開発されている。本項では，それらの手法の一つである Seurat[†2] に基づく手法を紹介する（**図 9.4**）[111]。

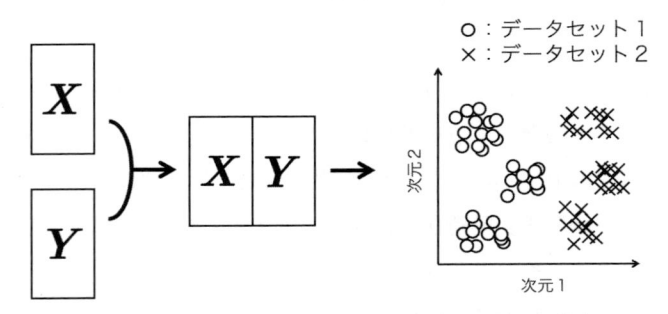

図 9.3 複数のデータを単に結合して次元圧縮した場合

[†1] なお，ここではクラスタリング（あるいはコミュニティ検出）から細胞種同定までを一方通行のように説明したが，実際には次元圧縮の操作も含め試行錯誤しながら反復的に行うことが多い。

[†2] Seurat は 1 細胞 RNA-seq を中心にさまざまなシークエンスデータを解析するためのツールキットであり，本項で紹介するデータの統合は Seurat の持つ機能のごく一部である。Seurat は機能，マニュアルともに非常に充実しており，多くの 1 細胞 RNA-seq 解析の現場で用いられているソフトウェアであり，現在の 1 細胞研究を支える基盤技術の一つであると言っても過言ではない。

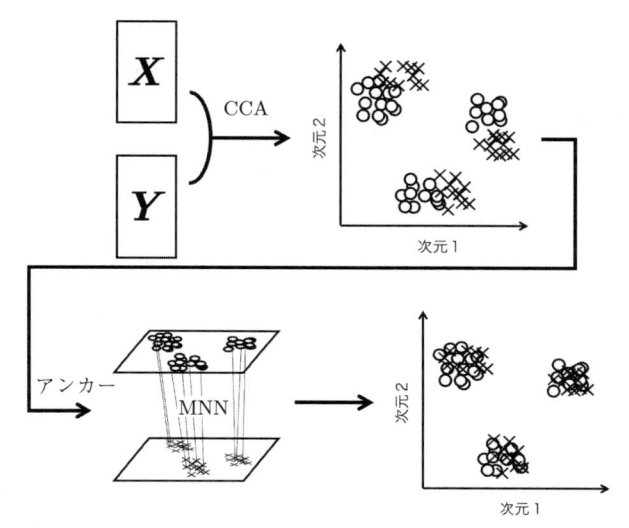

図 9.4　複数のデータを補正し統合する概要図

　それぞれ N 細胞と M 細胞のデータを含む二つのデータセットで，それぞれ標準化した発現量行列を X と Y とする。まず，二つのデータセットに共通する低次元空間を，**正準相関分析**（canonical correlation analysis；CCA）を用いて求める。CCA では以下の式 (9.1) に基づき，共通する低次元の座標ベクトル u と v を計算する。

$$\max_{u,v} u^{\mathrm{T}} X^{\mathrm{T}} Y v \tag{9.1}$$

ただし，$\|u\|_2^2 \leqq 1$，$\|v\|_2^2 \leqq 1$ とする †。これは，二つのデータセットを Xu と Yv で線形変換したとき，その相関が最大となるような u と v を求めることで共通する空間を求めていると考えることができる。なお，ここでは一次元の座標を求めるように記述したが，Seurat では $X^{\mathrm{T}}Y$ の特異値分解を行い，特異値の大きいほうから上位 D 位までの左特異ベクトルと右特異ベクトルをそれぞれ X と Y の D 次元座標とすることで CCA の結果を求めている。

---

† 　これは一般的な CCA とはやや異なる制約である。CCA では $u^{\mathrm{T}} X^{\mathrm{T}} X u \leqq 1$ などとするが，ここでは $X^{\mathrm{T}} X$ が単位行列になると仮定し，以降の特異値分解などの計算に基づく導出を一般的な CCA を簡略化して計算している。

　上述の操作により，ある程度バッチ効果を取り除いて共通の空間を求めることができる。しかしながら，それでもデータセット間の差を取り除けない場合が多いことが経験的に知られており，Seurat ではつぎのような補正をさらに行っている。まず，異なるデータセット間の細胞間の距離に基づいて，相互に k 近傍に位置する細胞どうしを MNN（mutual nearest neighbor）として対応づける（Seurat ではこれをアンカーと呼んでいる）。仮にデータセット X と Y のある細胞がアンカーで一対一対応するとき，Y の該当細胞の発現量を X の該当細胞の発現量と一致するように変換すれば，完全に発現量を対応づけすることができる。ただし，すべての細胞間でアンカーが決まっているわけではなく，またペアも一意ではないため，実際には周囲の状況も合わせて以下のように補正を行う。すべてのアンカー a に対して，X と Y の差を計算した以下の B と，Y 中の細胞とアンカーの近さに基づく重み行列 W を用いて，式 (9.2) のように補正した発現量 $\hat{Y}$ を計算する。

$$B = Y_{\cdot a} - X_{\cdot a},$$

$$\hat{Y} = Y - BW^{\mathrm{T}} \tag{9.2}$$

このような操作により，二つのデータセットで発現量がよく一致するように変換され，次元圧縮された空間でもよく重複するようになる。これにより，複数のデータを統合して細胞種をアノテーションしたり，あるいは一方のデータに付けられたアノテーションを他方のデータに割り当てるなどの操作が可能になる。

9.2.2　既存の 1 細胞 RNA-seq データへの検索

　発現変動遺伝子のセットを外部情報と照らし合わせてエンリッチメント解析を行うことで，ある細胞のクラスタがどのような細胞種に相当するかを同定できることを紹介した。これは，ある意味でクラスタに関連する細胞種を「検索」していると捉えることもできる。これまでに，200 種類を超える免疫細胞の状態の発現データを網羅的に収集するといったプロジェクトが古くから行われて

おり[†1]，さらに近年では HCA プロジェクトによる研究をはじめ，多様なサンプルでの 1 細胞 RNA-seq データが収集・公開されている。したがって，これらの公開データ中の細胞（リファレンス細胞）の中に，いま解析している自身の 1 細胞 RNA-seq に含まれるある細胞（クエリ細胞）に近いものが存在しないか「検索」するというアプローチも考えられるだろう。このような細胞検索は，細胞種のアノテーション済みのリファレンス細胞に基づきクエリ細胞の細胞種を同定したり，それらの研究での知見に照らし合わせるなどの目的につながる重要なトピックである。このような観点から，1 細胞 RNA-seq のクエリ細胞の発現量とリファレンス細胞の発現量の間のスピアマン相関係数をすべて計算し，リファレンスの中で最も高い相関を持つ細胞種のラベルを割り当てるというアプローチ[†2]が提案されている[113]。ただし，公開されている 1 細胞 RNA-seq データには，2024 年時点で 10^7 のオーダーの細胞数が含まれており，また自身の 1 細胞 RNA-seq データ中に含まれる細胞も非常に多く，実験技術の進歩によりこれらの数は今後も増加していくと想定される。したがって，このような膨大なリファレンス細胞に対し，たくさんのクエリ細胞を検索する上では，高速な検索技術が求められる。そこで本項では，1 細胞 RNA-seq データに対し高速な細胞検索を可能とした CellFishing.jl のアプローチ[†3]の概要を説明する[114]。

CellFisihg.jl ではまず，7 章で説明した次元圧縮の一つである PCA を用い，遺伝子数 × リファレンス細胞数の巨大な発現量行列を圧縮次元数 (D) × リファレンス細胞数の行列へ圧縮し，細胞を表す本質的な空間に変換している[†4]。ここで，圧縮空間上のある 2 細胞間の類似性を式 (9.3) のように角度に基づき定量する。

[†1] The Immunological Genome Project[112]

[†2] 正確には同じラベルのリファレンス細胞が複数存在するので，原著論文では同じラベルの相関係数の 80％パーセンタイルの値が最も高いラベルを選んでいる。

[†3] 前項で紹介したデータセットの統合は，基本的には類似したサンプルの 1 細胞 RNA-seq の結果を揃える目的であり，膨大なサンプルの 1 細胞 RNA-seq データの中から類似する細胞を見つける本項の目的とはやや異なるものである。

[†4] リファレンス細胞数が膨大であることから，一般的な PCA をそのまま適用することは困難であり，実際は randomized SVD というテクニックを使って近似的に高速に PCA を解いている。

$$\mathrm{sim}(\boldsymbol{x}, \boldsymbol{y}) = 1 - \frac{\theta(\boldsymbol{x}, \boldsymbol{y})}{\pi},$$

$$\cos(\theta(\boldsymbol{x}, \boldsymbol{y})) = \frac{\boldsymbol{x} \cdot \boldsymbol{y}}{\|\boldsymbol{x}\| \, \|\boldsymbol{y}\|} \tag{9.3}$$

ただし，$\boldsymbol{x}$ と $\boldsymbol{y}$ は二つの細胞の圧縮空間上の座標を表す長さ D のベクトルである。

上記の角度に基づく類似性は，理論的にはベクトル計算で正確に定量でき，すべての細胞間で類似性を計算し比較すれば最も類似性の高い細胞を検出することができる。ただし，膨大な細胞に対して上述の計算を厳密に計算することは時間がかかるため，CellFishing.jl では近似的に高速に計算すべく LSH（locality-sensitive hashing）と呼ばれる技術を用いている。LSH では，何らかの基準で長さ D のベクトル $\boldsymbol{x}$ と $\boldsymbol{y}$ を，長さ T の 0，1 のビットベクトル $\boldsymbol{p}$ と $\boldsymbol{q}$ へとまず変換する（ただし $T < D$ とする）。すると，式 (9.4) のように二つのビットベクトル $\boldsymbol{p}$ と $\boldsymbol{q}$ の一致率に基づき，各類似度を近似的に計算できることが知られている。

$$\mathrm{sim}(\boldsymbol{x}, \boldsymbol{y}) \simeq \frac{1}{T} \sum_{i=1}^{T} \mathbb{I}[\boldsymbol{p}_i = \boldsymbol{q}_i] \tag{9.4}$$

ただし，$\mathbb{I}[\cdot]$ は指示関数とする。なお，CellFishing.jl では数値ベクトルからビットベクトルへの変換には，圧縮空間上にランダムな超平面を書き，その平面に対する上側と下側で 0，1 とする操作を，異なる超平面を T 回作成することで達成している [†1]。

先の計算はビットベクトルの比較であり，数値ベクトルの比較に比べると計算機的に非常に高速に計算することができる。CellFishing.jl ではさらに，リファレンス細胞の全ビットベクトルに対し高速検索用の index を付けてデータベース化することで，すべてのリファレンス細胞に対して逐一式 (9.2) を計算することなく，類似する細胞を探索可能にしている [†2]。なお，ここまではリファ

[†1] この操作は実際には簡単な行列の積とその結果の正負を調べるだけで計算できる。
[†2] 連続値から 0，1 のビットのベクトルに変換したことで，0，1 からなる文字列探索のように考えデータベース化が可能である。

レンスとなるデータを PCA し，バイナリ化してデータベース化することを紹介した。クエリとなるデータに対しては，同一の行列による演算を行うことで同じ PCA 空間上にマッピングし，同じ超平面でビットベクトル化が可能である。したがって，あるクエリ細胞の発現量を同様にビットベクトルに変換し，データベースに対し高速検索することで，非常に高速な細胞検索が可能となっている。

9.2.3　希少細胞同定

ここまでに紹介した細胞種の同定手法では，次元圧縮やクラスタリングなどを活用するものがほとんどであった。これらの技術は，大規模高次元のデータから本質的な構造を抽出することを可能にするが，データ中に含まれる数が少ない細胞種，すなわち**希少細胞**（rare cell）の存在は多数派の影響の前に埋もれがちである。希少細胞の例としては，組織幹細胞・がん幹細胞・血中循環がん細胞（circulating tumor cell；CTC）など，生物学・医学的に非常に重要な細胞であるものも多い。したがって，1 細胞 RNA-seq データから少数派である希少細胞をいかにして見つけるかは重要なトピックである。特に，そのような希少細胞の実態はバルク RNA-seq では当然埋もれていたため，1 細胞 RNA-seq により初めて解明できると期待される対象である。

このような背景から，1 細胞 RNA-seq が普及し始めた最初期に RaceID という希少細胞同定手法が開発された[115]。RaceID ではまず，一般的な細胞種同定法と同様にクラスタリングを行う[†1]。ついで，クラスタごとに各遺伝子の発現量の分布を負の二項分布でフィッティングし，その分布から大きく外れる発現を示す細胞を列挙する[†2]。このようにして列挙された「外れ値細胞」を現在のクラスタから除去し，その上で「外れ値細胞」どうしで，ある閾値以上の類似性を示すものをまとめることで，それを「外れ値細胞」からなる新たなクラス

---

†1　なお，原著論文[115]では 8 章で紹介した k-means 法とギャップ統計量により，クラスタリングおよびクラスタ数の決定をしている。

†2　このようなデータ中に含まれる「異常」な値を示すデータを見つけるアプローチは，情報科学の分野では「外れ値検出（outlier detection）」と呼ばれる。

タとしている（**図 9.5**）。RaceID では，このようにして得られた最終的なクラスタに，希少細胞に相当するまとまりが含まれるとし，実際の論文においても新規の希少細胞の検出とそのマーカー遺伝子の同定に成功している。

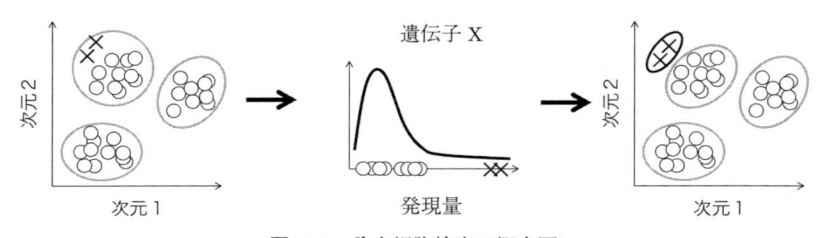

図 9.5　希少細胞検出の概念図

　希少細胞検出においては，クラスタリングとその後のクラスタ内でのさらに細かいクラスタリング相当の操作によりクラスタに埋もれた希少細胞のまとまりを見つけるアプローチを軸に，RaceID の発表以降もいくつも提案されている。例えば CellSIUS という手法ではつぎのようなアプローチが採用されている[116]。RaceID では負の二項分布により発現量をモデル化して外れ値を検出していたが，CellSIUS ではまずはクラスタ内で二峰性を示す遺伝子を列挙する。そして，そのような二峰性を示す遺伝子の中から，発現が共起する遺伝子の組合せを探索し，それを擬似的なマーカー遺伝子セットと見なしている。このようにして検出された遺伝子セットにおいて，例えばクラスタ内で多数派の細胞がそれらの遺伝子を発現していなかったと仮定し，いくつかの細胞でそれらの遺伝子セットがまとまって発現していたとすれば，それらの遺伝子セットがすべて発現しているような多数派とは違う細胞種であると推測することができる。CellSIUS はこのように二峰性を示す遺伝子に着目することで，高精度・高感度に希少細胞を検出できたことが示されている。

　1 細胞 RNA-seq には，死細胞に由来するデータなどのノイズデータも多く含まれている。したがって，そのようなノイズも存在する中で，真に興味がある希少細胞を検出するには，必ずしも情報科学的な技術単体できれいに解ける問題ではなく，CellSIUS のように生物学的な背景を踏まえつつ適切な仮定を立て

ることが有効な戦略となる。逆に言えば，いかに生物学的事情を考慮した計算機的手法を設計できるかが，バイオインフォマティクス研究者に求められることの一つだと言えるだろう。

9.2.4 幹細胞同定

1細胞 RNA-seq でデータを収集する生物学的な目的の一つに，組織幹細胞を発見することが挙げられる。ある組織の組織幹細胞の同定は，その組織の成り立ちを理解する上で重要な存在であり，また再生医療などにもつながる医学的にも重要な研究対象である。しかしながら，そもそも存在が同定されていない組織幹細胞に対してはマーカー遺伝子は当然存在せず，これまでのアプローチでアノテーションすることは難しい。したがって，クラスタリングやコミュニティ検出，あるいは希少細胞同定で見つかってきた細胞のまとまりの中で，「幹細胞」らしいものが存在するかを解析することが求められる。そのような目的で開発されたソフトウェアの一つとしては，StemID が挙げられる[117]。

StemID ではまず，クラスタ間を次元圧縮空間上のユークリッド距離などの指標に基づき，木構造を推定する[†1]。この木が細胞系譜に相当し，各クラスタはその系譜上のある細胞状態を表すとしている。したがって，あるクラスタが多能性を持つ組織幹細胞に相当するならば，そこから複数の細胞運命をたどっていると想定され，その細胞系譜においてたくさんの枝を出しているクラスタが幹細胞だと予測される。ほかにも，幹細胞では一般的にさまざまな遺伝子が発現していることが経験的に知られていることから，その様子を発現量からエントロピーを算出し定量化している。つまり，エントロピーが高いほど，いろいろな遺伝子が発現していると考えられ，より幹細胞らしいと推定している[†2]。StemID では，これらの指標を組み合わせ，幹細胞らしさのスコアを算出している。

[†1]　正確には，これは次節で紹介する擬時間解析の技術を使っている。
[†2]　ただし，エントロピーによる幹細胞らしさの定量が本当に有効かは議論がある。

9.3　擬 時 間 解 析

　幹細胞から異なる細胞種へと発生・分化する過程およびその制御を，Waddington はボールが異なる谷へと転がる過程として捉え，それを**ワディントン地形**（Waddington's epigenetic landscape）として描写した（**図 9.6**）[118]†1。このワディントン地形は発生・分化の本質が表現されていると受け入れられており，ワディントン地形のメカニズムを数理モデルから明らかにしようとする数理生物学的研究や[119]，合成生物学による実証研究[120] など，さまざまな方向性から研究されている。1 細胞技術の発達により，さまざまな分化状態の細胞の発現量を個別に計測できるようになったことから，データ駆動にワディントン地形を再構築することが可能となった。このような分化過程の再構築とそれに伴う発現変化を解析する研究が，1 細胞 RNA-seq 解析において注目を集めており，一連の解析を**擬時間**（pseudo-time）推定および擬時間解析と呼ぶ。

　本節では，このような擬時間解析の最初期に開発され，その後も改良され現在も主流に使われるソフトウェアである Monocle を紹介する[121]†2。Monocle で

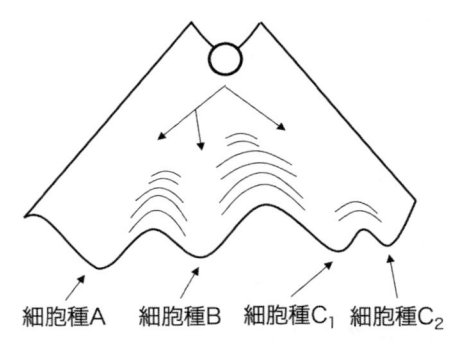

細胞種A　　細胞種B　　細胞種C₁　細胞種C₂

図 9.6　ワディントン地形の概念図

---

†1　文献では最新版を明記しているが，最初の出版は 1957 年である。

†2　この論文の第一著者である Trapnell は，本書でここまでに紹介した TopHat や Cufflinks の最初の論文の第一著者でもあり，ほかにも多数の優れたバイオインフォマティクス研究を行っている。

は，データに含まれる分化過程の本質的なダイナミクスを計算機上で再構築すべく，まずは次元圧縮により二次元などの低次元空間に落とし込んでいる。そして，圧縮空間上でのユークリッド距離に基づき，細胞どうしを最小木（minimum spanning tree；MST）としてつなげたものを推定し，その中で指定した数の分岐を許して合計が最長となる経路を分化過程の骨子として推定する（**図 9.7**(a)）。この骨子の経路の端点のいずれかを始点として定めると，あとはその経路を時間軸と捉えることで，経路上に位置する各細胞の「時間」を定めることができる（これを擬時間と呼ぶ）[†]。主経路から外れた位置の細胞に関しては，その主経路の最短距離をとる点などに射影することで擬時間が推定される。現在までに，次元圧縮上で経路を再構築する手法はさまざま提案されており，Monocle においても最小木ではなく reversed graph embedding などの新しい機械学習法を取り入れることで，細胞運命の分岐をより的確に捉えられる改良がなされている[122]。

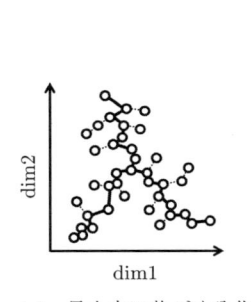

(a)　最小木に基づく分化
過程の再構築

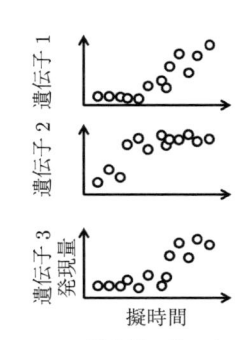

(b)　擬時間に沿った
発現変動

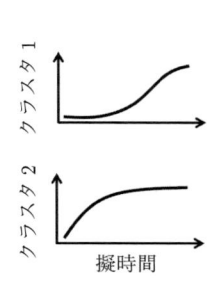

(c)　時系列パターンに基づく
遺伝子のクラスタリング

図 9.7　擬時間解析の概要図

このように推定された擬時間を用いることで，細胞分化に伴う詳細な時間解像度の発現変化を調べることが可能になった。例えば，擬時間に沿った各遺伝子の発現変化が得られることから（図 9.7(b)），その傾向に基づいて遺伝子をク

[†]　どれを始点と定めるかは任意性がある。実際には，生物学的な知見を基に前駆細胞と思われるものをマニュアルで指定することなどが多い。

ラスタリングすることができる（図 9.7(c)）。ここでのクラスタリングは，値の類似性というより，時系列変化の「パターン」の類似性に基づくという，系列データのクラスタリングが行われる。その結果，例えば図 9.7(c) ではクラスタ 2 が「速い活性化」を意味する遺伝子のクラスタであり，クラスタ 1 が「遅れて活性化」を意味する遺伝子のクラスタであることがわかる。実際に，これらのクラスタの遺伝子に対し機能エンリッチメント解析を行うと，その系におけるシグナルの順序であるカスケードを表すような結果が得られる。このように擬時間を再構築し発現変化を調べることで，分化過程などにおける詳細な発現変化を調べることや，その変化の順序を推察することができ，最初に変化する鍵となる転写因子を見つけることなどにつながると期待される。

　ここまでに紹介した Monocle などでは，圧縮空間上で何かしらの手法で細胞をなめらかに結ぶことで，分化過程を再構築していた。このようなアプローチのほかに，発現変動を数理モデルで表現し，データから擬時間含めパラメータを最適化するといった手法も存在する。著者らが開発した SCOUP では，確率微分方程式の一つである OU 過程（Ornstein-Uhlenbeck process）を用い，分化に伴う発現変動をモデル化している[123]（図 **9.8**）。OU 過程とは，以下の式 (9.5) で表される時間変化を表す数理モデルである。

$$dx_t = -\alpha(x_t - \theta)dt + \sigma dW_t \tag{9.5}$$

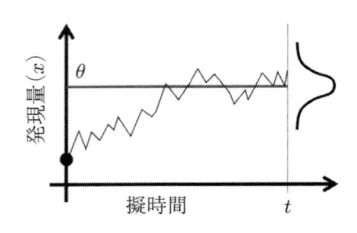

$$dx_t = -\alpha(x_t - \theta)dt + \sigma dW_t$$
$$P(x_t|x_0,\alpha,\sigma^2,\theta,t) = N\left(x_t\Big|e^{-\alpha t}x_0 + (1-e^{-\alpha t})\theta, \frac{\sigma^2(1-e^{-2\alpha t})}{2\alpha}\right)$$

(a)　OU 過程の概念図

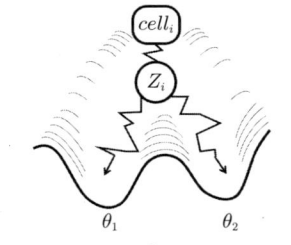

$$P(x_{it}|x_{i0},\Theta) = \sum_{Z_i}\prod_{k=1}^{2}(\pi_k P(x_{it}|x_{i0},\theta_k))^{Z_{ik}}$$
OU 過程

(b)　混合化による分岐のモデル化

図 **9.8**　SCOUP の概要図

ここでは，x_t をある擬時間 t におけるある遺伝子の発現量を表すとし，それが分化後の発現量を表すアトラクター θ に引き寄せられるが，しかし決定論的なダイナミクスは示さずホワイトノイズである W_t が存在する確率的なダイナミクスを示すようなモデルである（図 9.8(a)）。また，α はアトラクターに向かう緩和の強さを表すパラメータであり，この値が大きいほど瞬時に発現量が θ に近づくことを意味する。この確率微分方程式はガウス過程であり，x_t の分布は始点を x_0 とすると以下の式 (9.6) のようにガウス分布となることが知られている。

$$P(x_t|x_0,\alpha,\sigma^2,\theta,t) = N\left(x_t\middle|e^{-\alpha t}x_0 + (1-e^{-\alpha t})\theta, \frac{\sigma^2(1-e^{-2\alpha t})}{2\alpha}\right)$$

$$(9.6)$$

また，細胞種の運命を表現するため，複数の細胞状態を潜在変数で表し，それぞれ異なるアトラクター θ を持つような混合モデルへ拡張した（図 9.8(b)）。上記の確率分布に基づき，細胞と遺伝子を独立に考え，EM アルゴリズムに基づきパラメータを最適化することで，擬時間を含めた各種パラメータを求めることを可能にしたのが SCOUP である。確率モデルによるアプローチは，細胞分岐初期のような細胞運命が曖昧な状態をうまく捉えられ，そのような解析に向いていると考えられる[†]。

| コーヒーブレイク |

　SCOUP の研究にあたり，がん進化におけるエピジェネティクス変化に著者は当初は興味を持っており，そのモデル化と解析に挑戦しようと研究を始めた。しかしながら，がんはヘテロジェネイティが高く，データはさまざまなサブタイプの混ざりものであったため解析が非常に困難であった。そのような中，ちょうど1 細胞 RNA-seq 技術論文が発表され始めており，エピジェネティクスの変化ではなく発現量の変化を対象に研究を進めようと舵を切った。つぎの課題としては，

[†]　ただし，複雑なダイナミクスに対応するにはモデルと実装を複雑化させる必要があり，現状では対応できていない。Monocle などの次元圧縮経路上でモデルを仮定せずに最小木を構築するだけで複雑なダイナミクスにも対応できると期待され，また確率モデルによるパラメータ推定に比べ計算時間が小さい。そのため，実際のデータ解析の現場においてはそれらのソフトウェアが用いられることが多い。

発現量という連続値の変化をどのようにモデル化すべきかという点であるが，がん「進化」というキーワードから，一般的な進化研究の論文を調べ，体の大きさといった連続値をとる表現型の適応進化の数理モデルが使えるのではないかと考え，OU 過程を用いた研究を始めた[124]。最終的には，取得されているデータやちょうど発表された Monocle の論文の現状も踏まえ，がん進化ではなく，分化のダイナミクスを対象に解析を行い，擬時間解析の観点から論文をまとめるに至った。このように，紆余曲折しながらも，いろいろな知識を学ぶことができ，それが思わぬタイミングで役に立つことなども，研究活動の醍醐味の一つだろう。

9.4   RNA velocity

前節では，細胞間をなめらかにつなぐようなアプローチで細胞の分化経路の再構築する方法を紹介した。しかしながら，経路のどちらが分化前で，どちらが分化後かという，分化の「方向性」までは細胞をつなげただけでは決定することはできない。このような限界を突破し細胞の詳細な「流れ」を理解すべく，スプライシングをモデル化し，イントロンを飛ばして異なる二つのエキソンにまたがるリード（spliced read）と，エキソンとイントロンにまたがるリード（unspliced read）の情報を活用した興味深い手法である Velocyto が提案された[125]。Velocyto では，ある遺伝子に対し，エキソンとイントロンにまたがるリードは mRNA 前駆体由来として mRNA 前駆体の量を推定し，イントロンを飛ばして異なるエキソンにまたがるリードは成熟した mRNA 由来であるとしてスプライシング後の mRNA の量を推定し，それぞれの量を u と s で表している（図 **9.9**(a)）。そして，転写・スプライシング・分解の過程を以下の式 (9.7) の線形の微分方程式（力学系）によってモデル化している。

$$
\frac{\mathrm{d}u}{\mathrm{d}t} = \alpha - u,
$$
$$
\frac{\mathrm{d}s}{\mathrm{d}t} = u - \gamma s \tag{9.7}
$$

これは，α のパラメータで新規に mRNA 前駆体が転写され u が増え，パラメー

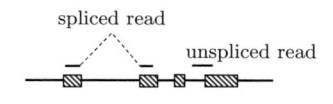

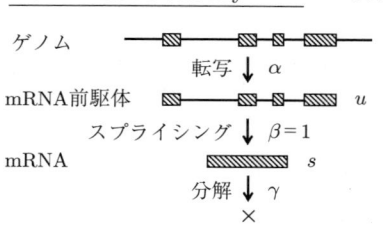

(a) unspliced read と spliced read の
概念図

(b) スプライシングの
過程の数理モデル

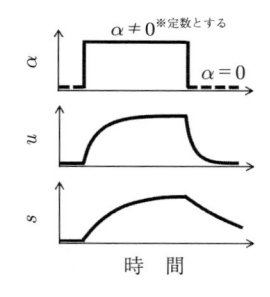

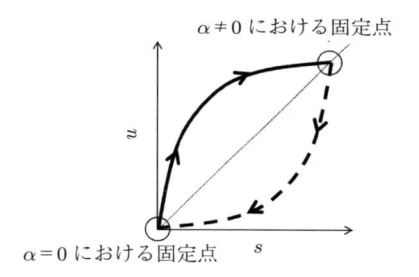

(c) 転写活性 α と mRNA前駆体の量 u
および成熟 mRNA の量 s のダイナ
ミクスの概要図

(d) s と u の相平面上での
ダイナミクス

図 **9.9** Velocyto の概要図（原著論文[125] より改変)

タ1でスプライシングが進み u が s になり，γ のパラメータで mRNA が分解
され s が減るというダイナミクスを表している（図 9.9(b)，(c)）。ただし，転
写活性 α はモデルの外で決まる値で，抑制状態では 0，活性状態のときは一定
値をとるような挙動をすると仮定する（図 9.9(c)）。

上記の線形力学系は行列形式を用いて，式 (9.8) のように記述することがで
きる。

$$
\begin{pmatrix} \dot{u} \\ \dot{s} \end{pmatrix} = \begin{pmatrix} -1 & 0 \\ 1 & -\gamma \end{pmatrix} \begin{pmatrix} u \\ s \end{pmatrix} + \begin{pmatrix} \alpha \\ 0 \end{pmatrix} = \boldsymbol{A} \begin{pmatrix} u \\ s \end{pmatrix} + \mathbf{b}
$$

(9.8)

上記の微分方程式において定常状態，つまり $\dot{u} = 0$ と $\dot{s} = 0$ を解くと，定常状
態の値 u^* と s^* に対して式 (9.9) の関係式が導かれる。

$$\begin{pmatrix} u^* \\ s^* \end{pmatrix} = -\begin{pmatrix} -1 & 0 \\ 1 & -\gamma \end{pmatrix}^{-1} \begin{pmatrix} \alpha \\ 0 \end{pmatrix} = \begin{pmatrix} \alpha \\ \alpha/\gamma \end{pmatrix} \tag{9.9}$$

したがって，$\alpha = u^*$ と $\gamma = u^*/s^*$ が成り立ち，データから仮に u^* と s^* を求めることができれば，微分方程式のパラメータをただちに求めることができる。ここまでの議論では定常状態を仮定していたが，分化など細胞状態が変動する過程では，当然ながらそのような仮定がつねに成り立つわけではない。実際に，転写が一時的に活性化する（一時的に $\alpha = C > 0$ となる）ときのダイナミクス（図 9.9(c)）を求め相図を描くと，図 9.9(d) のような軌道をとると考えられる。このダイナミクスにおいて，転写がある程度長い時間活性化していたとすると，ある期間は u と s の量は固定点 u^*, s^* となると期待される。そしてこの仮定での線形力学系において，固定点とは図 9.9(d) の右上の点である[†1,†2]。したがって，ある遺伝子に対し，各細胞の u と s の値を実際のデータからそれぞれ計算し，横軸に s，縦軸に u とした散布図を描き，固定点に相当する右上の点の位置 u^* と s^* を決めることで，各パラメータを $\alpha = u^*$ と $\gamma = u^*/s^*$ でただちに求めることができる[†3]。

　つぎに，最適化したパラメータと線形力学系に基づき，つぎの瞬間の発現量を予測する方法を説明する。線形力学系に基づくと，t 時間後の発現量を理論的に求めることができる。数値計算によって求めてももちろんよいが，本モデルは線形の微分方程式であり，以下のように解析的に求めることができる。まず，式 (9.10) で求まる $\bar{u}$ と $\bar{s}$ を用いて，$u' = u - \bar{u}$ と $s' = s - \bar{s}$ という変数変換を行う。

[†1]　固定点の解は $\gamma = u^*/s^*$ であるから，固定点は $u = \gamma s$ の直線上に存在する。

[†2]　転写活性状態での固定点は図 9.9(d) の右上の点であり，転写不活性（つまり $\alpha = 0$）における固定点は $(0,0)$ である。したがって，図 9.9(d) は同一パラメータの力学系においてサイクルが現れるわけではないことに注意してほしい。

[†3]　なお，Velocyto ではある遺伝子のダイナミクスを解析する上で，U と S をその遺伝子に対する unspliced・spliced なリード数とし，N_u と N_s を全遺伝子での unspliced・spliced な総リード数としたとき，$u = U/N_u$ と $s = S/N_s$ としている。

$$\begin{pmatrix} \bar{u} \\ \bar{s} \end{pmatrix} = -\boldsymbol{A}^{-1}\mathbf{b} = \begin{pmatrix} \alpha \\ \alpha/\gamma \end{pmatrix} \tag{9.10}$$

上記の変数を用いると，式 (9.8) が以下の式 (9.11) のような線形微分方程式へ変換できる。

$$\begin{pmatrix} \dot{u}' \\ \dot{s}' \end{pmatrix} = \boldsymbol{A} \begin{pmatrix} u' \\ s' \end{pmatrix} \tag{9.11}$$

つぎに，式 (9.12) のように $\boldsymbol{A}$ の固有値分解を行う。

$$\boldsymbol{A} = \mathbf{P}\boldsymbol{\Lambda}\mathbf{P}^{-1}$$
$$= \begin{pmatrix} \gamma-1 & 0 \\ 1 & 1 \end{pmatrix} \begin{pmatrix} -1 & 0 \\ 0 & -\gamma \end{pmatrix} \begin{pmatrix} \gamma-1 & 0 \\ 1 & 1 \end{pmatrix}^{-1} \tag{9.12}$$

上記の結果を用いると，微分方程式を式 (9.13) のように対角化した微分方程式へ変換することできる。

$$\begin{pmatrix} \dot{x} \\ \dot{y} \end{pmatrix} = \mathbf{P}^{-1} \begin{pmatrix} \dot{u}' \\ \dot{s}' \end{pmatrix} = \boldsymbol{\Lambda}\mathbf{P}^{-1} \begin{pmatrix} u' \\ s' \end{pmatrix} = \boldsymbol{\Lambda} \begin{pmatrix} x \\ y \end{pmatrix} \tag{9.13}$$

したがって，対角化後の微分方程式は以下の式 (9.14) のように容易に解くことができる [†]。

$$\begin{pmatrix} x(t) \\ y(t) \end{pmatrix} = e^{t\boldsymbol{\Lambda}} \begin{pmatrix} x_0 \\ y_0 \end{pmatrix} = \begin{pmatrix} e^{-t}x_0 \\ e^{-t\gamma}y_0 \end{pmatrix} \tag{9.14}$$

あとは，$(x,y) = (u'/(\gamma-1), -u'/(\gamma-1) + s')$，$(u', s') = (u-\alpha, s-\alpha/\gamma)$ に基づき，$u(t)$ と $s(t)$ に戻すと，式 (9.15) のようになる。

$$u(t) = \alpha(1 - e^{-t}) + u_0 e^{-t},$$
$$s(t) = \frac{e^{-t(1+\gamma)}\big(e^{t(1+\gamma)}\alpha(\gamma-1) + e^{t\gamma}(u_0-\alpha)\gamma + e^t(\alpha-\gamma(s_0+u_0-s_0\gamma))\big)}{\gamma(\gamma-1)}$$

$$\tag{9.15}$$

[†] x_0 と y_0 は時刻 $t=0$ の初期値を表す。

したがって，ある細胞のある遺伝子のデータに基づき (u_0, s_0) を定めると，その細胞の t 時間後のその遺伝子の発現量は上述の式から解析的に求めることができる。ただし，この予測は微分方程式が正しいという想定における予測であり，長時間のダイナミクスを正確に予測することはできない。

全遺伝子に対して上述の予測を行うことで，ある細胞の発現量ベクトルと，t 時間後の発現量ベクトルがそれぞれ得られる。ここで，全細胞分の spliced read に基づく発現量行列に対して主成分分析を行うと，発現量に基づき各細胞が低次元空間上にマップされる。さらに各細胞の将来の発現量ベクトルを同一低次元空間上へマッピングし，元の発現量がマッピングされた点から矢印を引いて可視化することで，その細胞が将来どのような方向へ変化するかの予測を矢印で可視化することができる[†]。

なお，Velocyte では定常状態を仮定しパラメータを最適していたが，当然すべての遺伝子がそのような定常状態のデータを持つとは考えづらい。そこで，定常状態を仮定することなく，EM アルゴリズムを用いた尤度最大化に基づいたより一般化された手法である scVelo が提案されている[126]。さらに最近では，4-チオウリジン（4sU）を加えることで，新しく転写される RNA に 4sU が取り込まれ，シークエンシングデータからその RNA が新生 RNA か判別する技術も普及し始めており，新生 RNA の量を定量化することも可能になってきている。したがって，このようなデータを活用することで，α を定数とし扱っている本モデルよりも正確なモデルが推定できると期待される[127]。また，タンパク質量も同時計測する技術も開発されており，翻訳まで含め力学系でモデル化しデータから学習する報告もある[128]。

9.5　細胞間相互作用の推定

細胞は個別に存在・機能しているわけではなく，異なる細胞どうしで情報を

[†]　実際には 1 細胞ごとに矢印を引くのではなく，近傍する細胞の発現量を平均化するなどの計算をしている。

伝達しコミュニケーションをとることで，さまざまな状況に応じて適切な発現
制御などを行い，協調的に機能していると言われている[†1]。そのような細胞間
のコミュニケーションは，**細胞間相互作用**（cell-cell interaction；CCI）と呼
ばれる。組織中に含まれる細胞種の詳細な発現量を 1 細胞 RNA-seq により計
測できるようになったことで，それらの細胞種間での CCI を調べる研究が進ん
でいる。CCI の基本的なメカニズムとしては，例えば情報を送信する側の細胞
がリガンド（ligand）と呼ばれる種類のタンパク質を発現して細胞外へ放出し，
レセプター（receptor）と呼ばれる種類のタンパク質を細胞表面に持つ別の細
胞がその情報を受信するといったものが挙げられる。このようなリガンドとレ
セプターの結合には特異性があり，多様なリガンド-レセプターペア（LR ペア）
によってさまざまな情報を伝達することが可能となっている。したがって，LR
ペアを網羅的に収集することが CCI を明らかにする上でまず必要である。この
ような LR ペア情報としては，既知の情報を収集するのみでなく計算機的な予
測も行いまとめたさきがけ研究である，FANTOM5 プロジェクト[†2]の一環の
研究成果が大きく貢献している[129][†3]。また，1 細胞 RNA-seq データの普及に
伴い，CellPhoneDB[130), 131][†4]や LRBase.Xtr.eg.db[†5]などのデータベースが開
発・整備されている。

　このような網羅的な LR ペア情報を基にし，どのような細胞種間でどのよう
な情報のやり取りをしているかを，1 細胞 RNA-seq データから明らかにする
ことを目指すのが CCI 解析である。ある二つの細胞種 A，B において，A が
あるリガンドを発現し，B があるレセプターを発現し，かつそれらが LR ペア

[†1] このようなコミュニケーションは，物理的に近接する細胞どうしのみでなく，かなり遠
方に存在する細胞どうしでも行われると考えられている。

[†2] FANTOM プロジェクトは理化学研究所が主導する国際プロジェクトとして 2000 年に
始動し，完全長 cDNA データの収集や機能注釈の研究に始まり，大量のノンコーディ
ング RNA の存在を明らかにした「RNA 新大陸」の発見など，さまざまな重要な成果
をもたらしている。

[†3] https://fantom.gsc.riken.jp/5/suppl/Ramilowski_et_al_2015/

[†4] https://www.cellphonedb.org

[†5] https://bioconductor.org/packages/release/data/annotation/html/LRBase.Xtr.
eg.db.html

に登録されている場合，A と B はそれらの LR ペアを通して相互作用している可能性が推察される（**図 9.10**）。このような操作をデータ中の全細胞種・全リガンド・全レセプターを踏まえて行うのが，現在の CCI 解析の基本的な流れである。先に挙げた CellPhoneDB の論文では，LR ペアのデータベースのみでなく，CCI 解析のための解析手法も提案している[130]。その論文中で行われた CCI 解析はつぎのとおりである。まず，各細胞の細胞種のラベル[†1]をシャッフルし，各クラスタにおけるリガンドおよびレセプターの発現の帰無分布を作成する。この帰無分布に対し，ある LR ペアにおいて，ある細胞種 1 でそのリガンドが有意に発現し，ある細胞種 2 でそのレセプターが有意に発現するといった，LR ペアの共発現性を定量化する。これを全 LR ペアおよび任意の細胞種間で検証することで，特定の細胞種間での LR ペアの共発現性，すなわち CCI を調べることができるというものである。

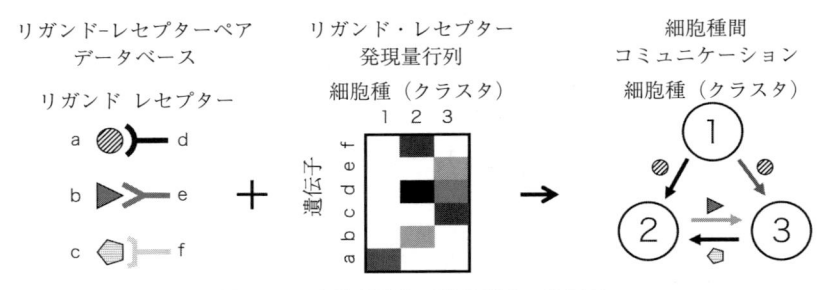

図 9.10　細胞種間相互作用推定の概要図

また，本書でこれまで紹介してきた「行列」の概念を拡張した「テンソル」を用いることでこのような情報を表現することも可能である[†2]。ある LR ペアに対し，細胞種 × 細胞種の行列 X を作り，ある細胞種 1，2 に相当する要素である X_{12} において，その 1 がそのリガンドを発現し，2 がそのレセプターを発

[†1]　正確には，細胞種がアノテーションされているとは限らないため，クラスタのラベルなどとすべきだが，ここでは簡単のためクラスタと細胞種が完全に対応していると想定して説明する。

[†2]　ここでは縦 × 横 × 奥の三階テンソルとしたが（「次元」ではなく「階」と書く），さらに高階のテンソルも存在する。

現している場合，X_{12} が高い値を示すような行列を考える（なお，縦軸はリガンドの発現，横軸はレセプターの発現に基づくため，X_{12} と X_{21} はまったく別の意味を持つ）。この行列を全 LR ペアでそれぞれ構築し，奥方向に並べたものがテンソルである。7 章で紹介した行列を低次元の行列に分解する「行列分解」と同様に，テンソルも低次元の行列とテンソルに分解する「テンソル分解（tensor decomposition）」を行うことができ，テンソルから本質的な特徴を抽出することができる。CCI 研究においても，テンソル分解の一つである Tucker 分解を適用し，多対多の相互作用を検出可能にする scTensor が提案されている[132]。

9.6　1細胞 RNA-seq における発現変動解析

1 細胞 RNA-seq 解析では，クラスタリングされた結果に基づき，5 章で紹介したような発現変動解析を用いてクラスタ間での発現変化を検出することが多い。ただし，1 細胞 RNA-seq データには欠測値が多いなどの特徴があることから，バルク RNA-seq の場合とは異なる発現変動解析が必要であるということが，解析パイプラインの網羅的な検証を行った論文により主張されている[133]。一方で，その論文の主張には不適当な箇所があり，バルク RNA-seq 発現変動解析用に開発された手法でも適切に選んで使えば問題ないという反論も存在する[134]。技術の発展が速くデータの性質もつねに変化しているいま，どのような手法が最適かを断言することは難しいが，5 章で紹介したような発現変動解析の基礎的な理論を理解しておくことが，変化の波に飲まれないようにするためにも重要であろう。以降は，一般的な発現変動解析とはやや異なる視点に基づいた 1 細胞 RNA-seq 解析特有の変動解析技術を紹介する。

9.6.1　クラスタリングに依存しない発現変動解析

クラスタ間で発現変動解析を行うには，まずクラスタリングを行う必要がある。クラスタリングに用いる手法によってクラスタリングの結果は変わるた

め，当然ながら発現変動解析の結果もある程度変わると考えられる。また，多数のクラスタが得られたとき，どのような二群に対して検定をするか，あるいは三群以上の検定をすべきかといった選択にも恣意性がある。このような操作を行わずに発現変動解析を行うため，クラスタリングに依存しない手法としてsingleCellHaystack が提案されている[135]。

singleCellHaystack ではまず，次元圧縮により二次元空間などに細胞を埋め込む。つぎに，例えば二次元空間を一定間隔の正方形のグリッドに分割し，グリッド内に含まれる「細胞の数（密度）」を計算する。そして，グリッド全体の細胞密度のなめらかな二次元空間分布をガウスカーネルによって推定し，これをリファレンス分布 Q とする（あるグリッド x に対する値を $Q(x)$ とする）。一方で，ある遺伝子 G に対し，あるグリッド x で閾値以上の発現している細胞の密度を $P(G = T, x)$，閾値以下の細胞の密度を $P(G = F, x)$ としたとき，P と Q の分布の差を以下の式 (9.16) のようにカルバック・ライブラー情報量に基づき定量化する。

$$D_{\mathrm{KL}}(G) = \sum_{s \in T, F} \sum_{x \in \text{grid points}} P(G = s, x) \log \left(\frac{P(G = s, x)}{Q(x)} \right)$$

$$(9.16)$$

その遺伝子 G の値を細胞間でシャッフルして同様の値を計算する操作を何度も行い，それらと比べたときの実データに基づく $D_{\mathrm{KL}}(G)$ の有意性を計算し，発現変動の度合いを定量化する。これは基本的には，低次元空間上の細胞の分布と，ある遺伝子が発現している細胞の分布（あるいは発現していない細胞の分布）が，どの程度一致しているかを定量化している指標であり，発現量をシャッフルした場合と比べることで遺伝子 G の発現パターンの「空間的な非一様性」を定量化していることになる。

このような手法は，10.4 節で紹介する空間トランスクリプトーム解析にも応用することができる。ここで言う空間情報とは，次元圧縮した結果の座標という意味ではなく，文字どおり組織中の「位置」の情報であり，物理空間上で非

一様な発現パターンを示す遺伝子を検出することができる。

9.6.2　アノテーション外の発現変動転写産物の検出

1 細胞 RNA-seq では，これまで研究されてこなかった細胞種を検出し，その発現量データを得ることができる。そのような細胞種に特異的な発現をする転写産物の中には，新規なもの，つまりアノテーションに含まれていないものも多数存在すると考えられる。そのような新規転写産物を検出する上ではまず，2 章で紹介した新規に転写産物をアセンブリするようなアプローチが考えられる。また，5 章で紹介した，マッピングした上で新規転写単位を検出するアプローチも有効だと考えられる。後述のアプローチにおいて，1 細胞 RNA-seq 解析用に開発された手法としては ODEGRfinder が存在する[136]。derfinder ではマッピング数をそのまま統計解析などをすることを想定していたが，1 細胞 RNA-seq では多数の細胞のデータが存在し，また個々のデータにはノイズ成分も大きいことから，ODEGRfinder では細胞数 × 領域長の特定の領域のマッピングカウント行列に対して非負値行列分解（non-negative matrix factorization；NMF）を行い，本質的な転写構造のパターンとその係数行列に分解し，その係数行列を対象に解析を進める。また，発現変動解析そのものを目的とする derfinder とは異なり，ODEGRfinder では新規の転写単位の検出を目的としており，アノテーションに基づく発現変動解析結果と比較し見逃されている発現変化を検出するよう工夫がなされている。

　このような発現変化の実態の詳細を把握する上では，1 細胞 RNA-seq のマッピングパターンを可視化することも重要である。一般的な RNA-seq ではデータのサンプルサイズは小さいことが多く，各サンプルのマッピング数をゲノムブラウザなどで容易に可視化・比較することが可能であった。しかしながら，多量の細胞のマッピング数が得られる 1 細胞 RNA-seq では，そのような可視化は困難である。そこで，クラスタリングを行い，同一クラスタでマッピング数を平均化し可視化するのが一般的となっている。しかし，これでは 1 細胞ごとの分散や，平均化したことで詳細な変化を見逃してしまう危険性がある。そこで，

マッピング数をヒートマップのように可視化するソフトウェアとして Millefy が開発されている[137]。

9.6.3 ノイズの除去と欠測値の補完

1 細胞 RNA-seq を用いて対象サンプルの細胞種を網羅的に調べたいとすれば，可能な限り多くの細胞の遺伝子発現量を計測したいだろう。しかし，シークエンサーで得られる総リード数が一定であると仮定すると，細胞数を増やせば増やすほど，1 細胞当りに割り当てられるリード数が少なくなるというトレードオフが存在する。その結果，低発現遺伝子の発現量が 0 となるドロップアウトと呼ばれる現象を含め，発現量はデータとしてノイジーになることが知られている。このようなノイジーな遺伝子発現データに対し，計算機的上でデノイジングを行うことで，下流の解析結果が明瞭になる可能性がある。

7 章でも少し紹介したが，ラプラシアン行列に基づくデノイジング手法である MAGIC が提案されている[85]。MAGIC では，遺伝子発現量に基づき細胞間の類似性グラフを構築し，そのグラフに対して個々の遺伝子の発現量をスムージングすることによって，デノイジングを行う。これは，グラフ上で遺伝子発現量の情報を「拡散」させるネットワーク伝播をしていると考えることができる。あるいは，グラフフーリエ変換を用いて遺伝子発現データをグラフ周波数領域に変換し，高周波に該当する要素はノイズと考え，ローパスフィルタ（low-pass filter）を用いてノイズを除去していると見なすこともできる。このようなデノイジングの手法は多数提案されているが，基本的には類似する他の細胞の遺伝子発現を参考にしつつスムージングなどを行うアプローチがほとんどである。

それらとは異なるアプローチとしては，高次元データにおける「次元の呪い」によってもたらされる問題に着目し，それを解決することでデノイジングを行う手法である RECODE が提案されている[138]。RECODE は，高次元統計学に基づく高次元 PCA の修正理論を発展させたものである。まず，遺伝子ごとのノイズ分散の不均一性に起因する問題を，適切な正規化によって解決している。ついで，PCA の分散（共分散行列の固有値）を修正することで，ノイズ削減を

達成している。簡単に説明すると，上位の成分が生物学的な構造を表し，固有値が小さいものはノイズ成分を表すと想定し，ノイズ成分として推定された固有値が小さいものの効果を 0 とすることでそれらの成分のノイズを削除している。ただし，上位の成分にもノイズの効果は依然として存在することから，それらの成分の固有値に関して先に推定されたノイズ分の差分をとることで，上位の成分中のノイズの効果も取り除いている。このようなデノイジングによって，ノイジーなデータであっても高いクオリティでクラスタリングなどの下流の解析が可能になることが示されている。

9.7 本章のまとめ

本章では，近年急速に普及しつつある 1 細胞 RNA-seq に対し，どのような目的で，どのような解析が行われているかを概説した。1 細胞 RNA-seq を用いることで，非常に詳細な細胞や遺伝子発現の実態を調べることができ，細胞種の同定・細胞系譜の再構築とそのメカニズムの解明・細胞間コミュニケーションの理解など，これまでにないトランスクリプトーム解析が発展してきた。実験技術の進歩に伴い 1 細胞 RNA-seq によるデータ収集がより一般的になると期待されるいま，そのようなデータからどのように新しい知識を抽出するかという，解析技術の飛躍的な進歩が渇望される。その一方で，Seurat のような多くの研究者に使いやすいように技術を整備・統合することも，これらの研究に貢献する重要なトピックである。実験を行いデータを収集する研究者と解析を行う研究者の相互理解はもちろんであるが，新規手法の提案を得意とする人，既存手法をうまく使い解析することを得意とする人，あるいは実装・整備を得意とする人など，たがいの得意分野を理解し尊重することで，それぞれで優れた成果をもたらし，全体として研究を推し進めることが重要であろう。

10

発展的な計測技術

　本書の最後の章として，現在発展著しいトランスクリプトーム関連技術をいくつかピックアップして紹介する。これらの技術の発展は著しく，より優れた計測技術も本書執筆中に続々と登場している。また，まだ見ぬ革新的な技術も登場することだろう。したがって，最新のプロトコルなどは最新の文献で必要に応じてキャッチアップしてもらうとして，本章では，どのような目的でどのようなことが可能になってきているか，大まかなアイデアを紹介する。

10.1　超多検体 RNA-seq

　1 細胞 RNA-seq の登場により，数万を超える細胞のトランスクリプトームを同時に計測することが可能になった。しかしながら，既存のハイスループットな 1 細胞 RNA-seq はサンプル中の細胞に対しランダムに細胞バーコードを付与するため，各細胞の由来を識別することはできない。これはつまり，複数検体のサンプルに対してハイスループットな 1 細胞 RNA-seq を行っても，ある細胞がどの検体に由来するか後から識別できないことを意味する。つまり，既存のハイスループットな 1 細胞 RNA-seq データのほとんどは，ある特定の検体に対し大量の細胞のトランスクリプトームを計測するものである。これはある意味で，サンプルサイズが 1 ($n = 1$) のデータを収集していることに等しい。

　一方で，薬剤スクリーニングなどの場面では，種々の条件をいろいろと変更した大量の検体のトランスクリプトームを計測したいことが多々ある。そのような場合は，どのサンプルがどの条件に由来するかを記録した上で，大量のサ

ンプルのトランスクリプトームを効率的に計測する超多検体 RNA-seq 法が求められる。例えば，高感度な 1 細胞 RNA-seq 技術である Quartz-Seq2[139] では，多数のウェルを含むプレートに対し，各ウェルに固有のバーコードを付与するようにライブラリを構築しているため，個々の検体をバーコードで後から識別可能である。このように，1 細胞 RNA-seq などで発展した技術を活用することで，超多検体 RNA-seq が実現されつつある。

10.2 1 細胞 RNA-seq からマルチモーダル計測へ

1 細胞 RNA-seq により，1 細胞解像度でトランスクリプトームを調べることができるようになった。これにより，個々の細胞の個性もわかってきたが，理想を言えばトランスクリプトームのみでなく，ゲノムやエピゲノムなど，細胞内のあらゆる状態を同時に計測できれば，個々の細胞の状態をより緻密に理解することが可能になるだろう。実際に，それらの同時計測に向け，同一細胞に対してさまざまな情報を計測するマルチモーダルな計測技術の発展が著しい。

10.2.1 トランスクリプトームと細胞形態情報の同時計測

細胞の画像などからわかる細胞形態情報は，細胞の性質を知るための基本的な特徴量である。したがって，各細胞のトランスクリプトームの計測と同時に，それに該当する細胞の形態情報も合わせて計測したい。実際に，さまざまな実験装置と合わせることで，形態情報に該当する量が同時計測されてきた。最もシンプルには，細胞を各プレートに分注する際に細胞画像を取得しておくといったアプローチが考えられ，本書執筆現在ではイメージング機能が付いたセルソーターであるイメージングソーターも開発されており，プレートに分注して 1 細胞 RNA-seq を行うことで実現できる。ただし，ハイスループットな 1 細胞採取法では細胞の由来が識別不能になることから，画像と対応させることはできず，今後の革新が期待される。

このように細胞の形態情報を同時計測したデータが収集されれば，例えばつ

ぎのような研究も可能になると期待される。トランスクリプトームと細胞形態情報のデータセットが十分に集まると，形態情報からトランスクリプトームの状態や細胞種などもある程度は予測可能になる。実際に，顕微ラマン分光法の計測結果から遺伝子発現を予測する研究が行われている[140]。細胞画像や顕微ラマン分光法は細胞を破壊することなく非侵襲に計測でき，またシークエンシングなどと比較すると必要なコストも時間も少ない。したがって，形態情報をベースに細胞のトランスクリプトームを予測できれば，再生医療に利用する細胞の質を検査するといった応用が可能になると期待される。

10.2.2　トランスクリプトームと他の配列情報の同時計測

同一細胞に対して，トランスクリプトームのみでなく，ゲノムやエピゲノムデータも収集することで，さまざまな階層のマルチオミクス解析を1細胞解像度で研究することが可能となる[141]。実際に，RNA と同時に DNA やエピゲノムもシークエンシング可能な技術がすでに商用化され，このようなマルチモーダルなデータの収集はもはや一般的となっている。

10.2.3　オリゴヌクレオチド標識を用いた同時計測

細胞の膜に存在するタンパク質（表面抗原）は，細胞の種類を分類する上で重要な情報である。先述のゲノムやエピゲノムなどは核酸配列データであるため，シークエンシングによって計測することができ，同時計測も比較的にシンプルに達成可能であった。一方で，タンパク質の存在は通常は質量分析などによって計測するもので，別技術であることから同時に組み込むことは容易でない。このような場合であっても，オリゴヌクレオチド標識を用いて表面抗原の有無の情報をシークエンシングの土俵に持ち込むことで，同時計測が可能になった。

表面抗原の有無とトランスクリプトームの同時計測を可能にした手法としては，CITE-seq が有名である[142]。CITE-seq では，それぞれ固有の配列を持つオリゴヌクレオチド標識を各表面抗原に結合する抗体に付加したバーコード抗

体を利用する（**図 10.1**)[†]。表面抗原を持つ細胞に，このバーコード抗体を結合させ，そのまま 1 細胞に分離する。そのうえで mRNA と同時にオリゴヌクレオチド標識の配列もシークエンシングされるように設計しておく。これにより，シークエンシング後にオリゴヌクレオチド標識に該当する配列の有無から，その細胞にその表面抗原が存在していたかを間接的に調べることができる。そのほかにも，細胞表面の糖鎖に対し，糖鎖認識プローブ（レクチン）に核酸バーコードを付加して同様のアプローチで同時計測する scGR-seq なども開発されている[143]。

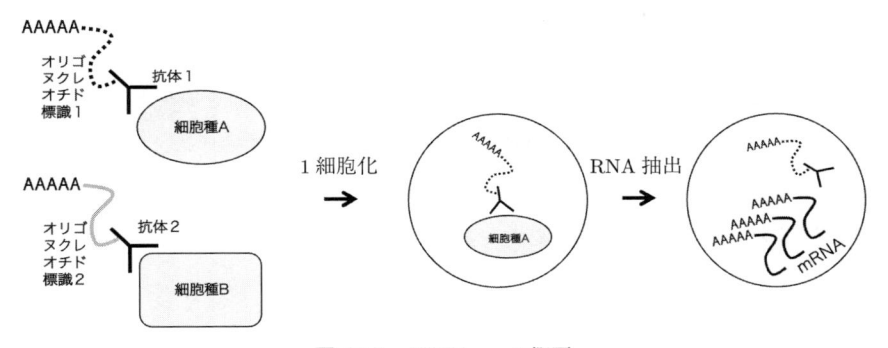

図 10.1　CITE-seq の概要

　このように，核酸配列以外の情報を核酸情報に変換することで，シークエンシングによって同時計測が可能になる。表面抗原の情報以外にも，いろいろな情報が核酸配列に変換されるギミックが実装され，シークエンシングによって検出する手法が開発されている。例えば，DNA バーコード付きデキストランを細胞に導入することで，間接的に細胞膜の表面張力を計測するといった手法が開発されている[144]。

┌─── コーヒーブレイク ───

　ここでは表面抗原を同時計測する手段として，オリゴヌクレオチド標識を付与した抗体を利用する技術を紹介した。しかしこの技術は，単なる同時計測にとどまらず，10.1 節で紹介した超多検体 RNA-seq にも利用されている。その技術は

[†]　抗体はタンパク質である。つまり，タンパク質に核酸を結合させている。

Cell Hashing と呼ばれるもので，各サンプルに対し異なるオリゴヌクレオチド標識の抗体を付与し，細胞表面に結合させ，その状態で細胞を混ぜてハイスループットに CITE-seq を行うものである。これにより，細胞表面に結合させていた抗体の核酸の配列も同時計測できることから，その配列情報から由来のサンプルを識別できる。このようにオリゴヌクレオチド標識をハッシュタグとして細胞表面に付与しているのである。もちろん，すべての細胞に抗体を結合させる必要があるので，全細胞に存在する表面抗原が存在する必要がある。

10.3　ゲノム編集を利用した技術

ゲノム編集（genome editing）とは，DNA の二本鎖切断を原理としたゲノム改変技術である。Cas9 という DNA を切断するヌクレアーゼタンパク質が，標的 DNA と結合する短鎖ガイド RNA（gRNA）と複合体を形成し，標的 DNA を切断することでゲノムを改変する。以降では，1 細胞 RNA-seq とゲノム編集技術を組み合わせたユニークな計測技術を紹介する。

10.3.1　大規模摂動シークエンシング

特定の転写因子を破壊したときに遺伝子発現全体がどのように変わるかを調べることは，その転写因子による転写制御を明らかにする上で重要な情報である。そして，転写制御の全貌を明らかにするには，多数の転写因子をそれぞれ破壊した場合の遺伝子発現，さらにはそれらの破壊を組み合わせた場合の発現量を計測することが有効である。しかし，このような摂動実験を個別に実験するのは労力がかかる。

そこで Perturb-seq[145] では，各々の転写因子を破壊するような複数の gRNA を用い，転写因子の破壊といった摂動実験の組合せも含め同時並列的に計測することを可能にした。各転写因子を標的とする多様な gRNA が，1 細胞に対しランダムに割り当てられるような仕組みを作ることで，多種多様な転写因子の破壊条件の摂動実験を同時に行い，1 細胞 RNA-seq の枠組みで摂動後の発現量

の大規模な計測を可能にしている。このとき，各細胞でどのような摂動，すなわち gRNA が割り当てられたかを，gRNA の情報がリードとして一緒に出力するようにデザインをすることで，各発現量がどのような摂動の結果かが後からわかるようになっている。これにより，さまざまな条件の摂動が大規模並列に計測可能となった。

10.3.2　細胞系譜追跡

9章において，1細胞 RNA-seq から細胞分化過程を計算機上で再構築するアプローチを紹介した。しかし，計算機上での再構築はあくまで予測であり確かではない。そこで，細胞がたどった系譜の情報を実験的に計測する方法が提案されている。

このような細胞の系譜追跡は，古くは自然発生するゲノム上の変化を目印とするアプローチが提案されていた。これらの手法はゲノムやエピゲノムを調べることで，例えば腫瘍の中でがん細胞がどのように広がってきたかといった，がん進化の研究などで精力的に行われてきた。

一方で，通常の細胞がどのような系譜をたどってきたか，どのように細胞分化を経てきたかを知りたい場合，自然発生的な変異のみでは解像度が足りず，その全体像をうまく捉えられない。そこで，人工的にゲノム上に変化が蓄積する仕組みを実装することで，細胞系譜を追跡する技術が研究されてきた。例えば，蛍光が多様化する Brainbow と呼ばれる技術や[146]，Cre/LoxP と呼ばれる技術を用い目的の遺伝子が発現する細胞のみを標識し追跡するシステムなどが用いられてきた。さらには，Cre/LoxP やゲノム編集により，ゲノム上に人工的に変異が蓄積されていく方法なども開発された。例えばゲノム編集によって合成 DNA 上にゲノム編集後のパターンがバーコードとして保存され，細胞系譜を後から再構築できる GESTALT と呼ばれる技術が開発されている[147]。

近年ではさらに，これらを1細胞 RNA-seq と融合することで，細胞系譜の情報に加えて遺伝子発現を同時計測する技術が開発された。例えば，先の GESTALT を発展させ，1細胞 RNA-seq と融合されたものとして scGESTALT[148] があ

る。この技術では，GESTALT と同様にゲノム編集に基づくシステムでゲノム上に人工的に変異が集積していくが，この変異の情報が RNA として転写されるようにデザインしておくことで，1 細胞 RNA-seq により各細胞のトランスクリプトームと系譜情報のリードを同時に得ることができる。

10.4 空間トランスクリプトーム

　細胞は独立に存在するのではなく，たがいに作用をすることで組織・臓器として機能を発揮する。このような細胞の相互作用には，細胞の空間配置を含めた組織・臓器の物理的な構造が重要である。また，組織などの機能が破綻するとき，それは局所的に起き，どのような場所で何が起きたかを知ることが重要である。したがって，組織や臓器などの解析において，その空間情報を維持したままトランスクリプトームを計測したい。このような空間情報付きのトランスクリプトームを**空間トランスクリプトーム**（spatial transcriptome）と呼び，それを計測するための技術的発展が著しい。

　もちろん，空間トランスクリプトームデータはこれまでにも計測されてきた。例えば，組織切片に対し，格子状に何か所も物理的に切り出し，その場所を記録した上で RNA-seq を行うことで，空間トランスクリプトームデータの計測は実現できた。しかし近年の技術的発展によって空間解像度が飛躍的に向上し，より魅力的なデータが得られるようになったことで，空間トランスクリプトームの注目度が一気に高まった。また，さまざまな技術が商品化され普及したことで，空間トランスクリプトームの計測が一般的になってきた。

10.4.1 *in situ* ハイブリダイゼーションを利用した方法

in situ ハイブリダイゼーション（*in situ* hybridization；ISH）とは，組織・細胞中の特定の RNA に結合する相補的なプローブを導入し，そのプローブの結合を放射線標識や蛍光標識によって検出することで，目的とする RNA が存在するかを検証する技術である。通常は，ある一つの RNA を標的として ISH

が行われる。

　この ISH の原理を拡張し，多くの RNA を標的とし，それでいて識別可能な形で検出するように発展させたものが MERFISH[149] や seqFISH+[150] と呼ばれる技術である。これらの技術ではまず，各々の RNA に結合する 1 次プローブをハイブリダイズさせる。このとき，1 次プローブには RNA と相補的な領域とは別に，2 次プローブが結合できる多様な配列が設計されている。また，この 2 次プローブが結合する配列は択一ではなく，1 次プローブごとに異なる。すなわち，どの 2 次プローブが結合するかで，その RNA が何の遺伝子に該当するかを判断することができる。

　実際には，2 次プローブは蛍光標識によって検出される。MERFISH は蛍光シグナルの有無のバイナリとして計測し（図 **10.2**(a)），seqFISH は多様な蛍光標識を用いて蛍光の種類を計測する。さらに，一度のハイブリダイゼーションではなく，2 次プローブによるハイブリダイゼーションと蛍光の検出のステップを繰り返すことで，RNA が該当する遺伝子の識別を可能にしている。

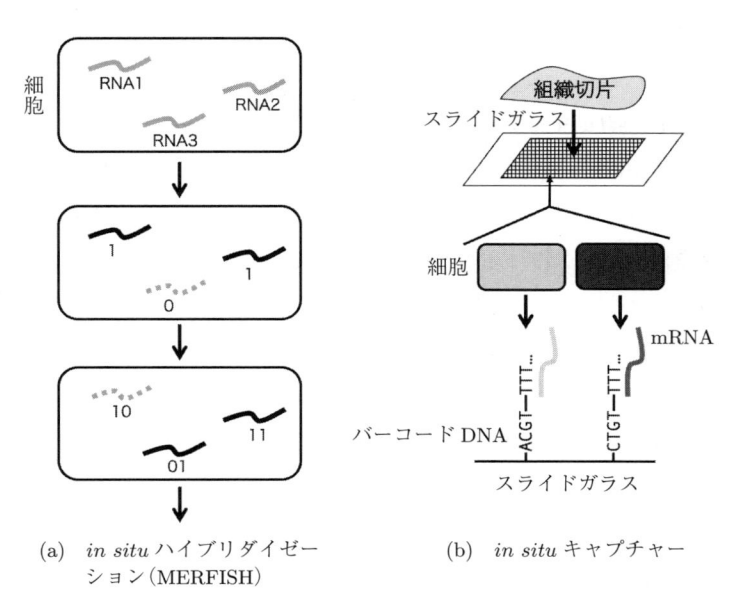

(a) *in situ* ハイブリダイゼーション（MERFISH）　　(b) *in situ* キャプチャー

図 10.2　空間トランスクリプトーム技術の概要

　また，ISH を用いたアプローチと類似する方法として，Xenium[†1]などに代表される *in situ* シークエンシング（*in situ* sequencing）と呼ばれる方法がある。ISH を用いたアプローチでは 1 分子の RNA に対しプローブを結合させ蛍光を標識していたため，どうしても蛍光シグナルは微弱で，検出が難しいものがあった。一方で，*in situ* シークエンシングではまず，RNA に対し識別可能なプローブを結合させ，ローリングサークル増幅と呼ばれる技術などで細胞内でプローブを増幅させる。そして，プローブの配列を ISH を用いたアプローチと同様に蛍光標識で検出・識別することで，同様に RNA とその種類を検出するものである。なお，蛍光プローブによる標識ではなく，細胞内で NGS と同様のアプローチで直接シークエンシングすることが理想であり，これが究極的な *in situ* シークエンシングである。FISSEQ[151] などがこれにチャレンジしている。現時点ではその実現には至っていないが，今後の発展が楽しみな技術である。

　ここで紹介した空間トランスクリプトームの計測技術は，細胞内の RNA の局在まで計測できるという，空間解像度が非常に高いことが魅力的である。

10.4.2　*in situ* キャプチャーを利用した方法

　Visium[†2]や Slide-seq[152] などに代表される技術として，*in situ* キャプチャー（*in situ* capture）を用いた空間トランスクリプトーム計測法がある（図 10.2(b)）。この方法ではまず，スライドガラス上にユニークなバーコード DNA を配置する。このバーコード DNA の配列情報から，スライドガラスのどの位置に該当するかがわかる。そして，組織をスライドガラスに貼り付け，組織中の RNA を遊離させスライドガラス上に移動させる。このとき，バーコード DNA には実際にはポリ T 配列なども接続しており，mRNA はポリ A 鎖によってハイブリダイゼーションする。その後は各種方法でバーコードが付与された状態で cDNA を合成・増幅し，バーコード付きでシークエンシングをする。得られたリード

[†1]　https://www.10xgenomics.com/jp/platforms/xenium
[†2]　https://www.10xgenomics.com/jp/platforms/visium

はバーコードの情報から空間に割り当てることができるので，空間トランスクリプトームをリードから再構築できる。

　この方法は，スライドを用意し組織切片を貼り付けライブラリを作成しさえすれば，あとは通常のシークエンシングを行えばよい。したがって，特別な装置を必要とせず空間トランスクリプトームを計測可能な商品も登場し，現時点では比較的手が出しやすい計測技術だと言える。ただし，スライド上に空間バーコードをどれだけ密に設計できるか，RNA を遊離させたときに隣まで移動しないかなどの懸念から，必ずしも 1 細胞解像度とは言えないことは注意が必要である。

10.5　ダイレクト RNA シークエンシング

　1 章で紹介したナノポア塩基配列決定法を用いると，RNA の断片化や cDNA 合成を必要とせず，完全長のネイティブな RNA をそのままシークエンシングすることができる。他のロングリード技術を用いた場合もそうであるが，トランスクリプトの長いリードが得られるということは，それだけ正確にアイソフォームを同定できるほか，アセンブリなどにおいてもきわめて有用な情報となる。さらに言えば，トランスクリプトの端から端まですべて解読できれば，もはやアセンブリの必要はなくなるだろう。

　また，DNA において DNA メチル化修飾が知られるように，RNA においても転写後にさまざまな塩基修飾が起きていることが知られている。このような RNA 修飾の情報は，ゲノムに対しエピゲノムと呼ばれるのと同様に，**エピトランスクリプトーム**（epitranscriptome）と呼ばれる。最も有名な RNA 修飾は，ADAR という酵素が RNA のアデニンを脱アミノ化しイノシンに変換する A-to-I 編集あるいは RNA 編集と呼ばれるものである。これまでに，RNA 修飾の情報を残して cDNA に変換するようなアプローチなどによって，NGS を用いて RNA 修飾を調べる研究は行われてきた。一方で，ナノポア塩基配列決定法は電流を用いて塩基を識別しているが，修飾塩基も構造が違うことから，電

流の値によって修飾塩基を識別できる。ロングリードの性質と合わせると，同一 RNA 上の複数の RNA 修飾を同時計測することも可能だと期待される。

　このように，RNA を直接読めるダイレクト RNA シークエンシングは，リードが長いという以上に大きな意味を持つ技術である。まだ精度などに課題はあるものの，今後の発展が期待される技術である。また，本書執筆時点ではナノポア塩基配列決定法のスループットは NGS と比べると劣っている。しかし，ナノポア塩基配列決定法のシークエンサーを開発・販売する Oxford Nanopore Technologies 社はナノポアの集積をさらに増やすことなどの目標を掲げており，それが実現されればスループットの問題は克服される可能性がある。近い将来，ロングリードやダイレクト RNA シークエンシングはもはや一般的なトランスクリプトーム解析になり，場合によっては NGS に取って代わる可能性すらあるだろう。

10.6　本章のまとめ

　本章では，本書執筆現在で注目を集めている発展的なトランスクリプトームの計測技術を紹介した。大切なのは，このような技術やデータを活かし，どのように生物学的な問いに挑むかである。今後もさまざまな技術が登場すると予想され，それに対しどのような解析のアプローチが有効かもその都度変わってくるだろう。計測技術が劇的に変化したとしても，普遍となる基盤的な考え方には共通する部分が多いと考えられる。それらの新しいデータに対し新しい方法を考え，新しい知見をもたらす上で，本書の内容が少しでも貢献できれば幸いである。

引用・参考文献

1) T. A. Brown：ゲノム 第 4 版—生命情報システムとしての理解—, MEDSi (2018)

2) F. H. C. Crick：On protein synthesis, In Symp. Soc. Exp. Biol., **12**, p.8 (1958)

3) J. S. Mattick, P. P. Amaral, P. Carninci, S. Carpenter, H. Y. Chang, L.-L. Chen, R. Chen, C. Dean, M. E. Dinger, K. A. Fitzgerald, et al.：Long non-coding RNAs: definitions, functions, challenges and recommendations, Nature Reviews Molecular Cell Biology, **24**, 6, pp.430–447 (2023)

4) P. Carninci, T. Kasukawa, S. Katayama, J. Gough, M.C. Frith, N. Maeda, R. Oyama, T. Ravasi, B. Lenhard, C. Wells, et al.：The transcriptional landscape of the mammalian genome, Science, **309**, 5740, pp.1559–1563 (2005)

5) 岩切淳一：大規模配列データにより加速するノンコーディング RNA 研究, JSBi Bioinformatics Review, **3**, 1, pp.1–10 (2022)

6) K. E. A. Max, K. Bertram, K. M. Akat, K. A. Bogardus, J. Li, P. Morozov, I. Z. Ben-Dov, X. Li, Z. R. Weiss, A. Azizian, A. Sopeyin, T. G. Diacovo, C. Adamidi, Z. Williams, and T. Tuschl：Human plasma and serum extra-cellular small RNA reference profiles and their clinical utility, Proc. Natl. Acad. Sci. U. S. A., **115**, 23, pp.E5334–E5343 (2018)

7) A. Byrne, A. E. Beaudin, H. E. Olsen, M. Jain, C. Cole, T. Palmer, R. M. DuBois, E. C. Forsberg, M. Akeson, and C. Vollmers：Nanopore long-read RNAseq reveals widespread transcriptional variation among the surface re-ceptors of individual B cells, Nat. Commun., **8**, 1, p.16027 (2017)

8) S. K. Leung, A. R. Jeffries, I. Castanho, B. T. Jordan, K. Moore, J. P. Davies, E. L. Dempster, N. J. Bray, P. O'Neill, E. Tseng, et al.：Full-length transcript sequencing of human and mouse cerebral cortex identifies widespread isoform diversity and alternative splicing, Cell Reports, **37**, 7 (2021)

9) M. C. Lucas and E. M. Novoa：Long-read sequencing in the era of epige-nomics and epitranscriptomics, Nat. Methods, **20**, 1, pp.25–29 (2023)

10) M. Margulies, M. Egholm, W. E. Altman, S. Attiya, J. S. Bader, L. A. Bemben, J. Berka, M. S. Braverman, Y.-J. Chen, Z. Chen, et al. : Genome sequencing in microfabricated high-density picolitre reactors, Nature, **437**, 7057, pp.376–380 (2005)

11) E. W. Myers, G. G. Sutton, A. L. Delcher, I. M. Dew, D. P. Fasulo, M. J. Flanigan, S. A. Kravitz, C. M. Mobarry, K. H. J. Reinert, K. A. Remington, et al. : A whole-genome assembly of drosophila, Science, **287**, 5461, pp.2196–2204 (2000)

12) N. G. De Bruijn : A combinatorial problem, Proceedings of the Section of Sciences of the Koninklijke Nederlandse Akademie van Wetenschappen te Amsterdam, **49**, 7, pp.758–764 (1946)

13) D. R. Zerbino and E. Birney : Velvet: Algorithms for de novo short read assembly using de Bruijn graphs, Genome Research, **18**, 5, pp.821–829 (2008)

14) R. Luo, B. Liu, Y. Xie, Z. Li, W. Huang, J. Yuan, G. He, Y. Chen, Q. Pan, Y. Liu, et al. : Soapdenovo2: an empirically improved memory-efficient short-read de novo assembler, Gigascience, **1**, 1, pp.2047–217X (2012)

15) M. G. Grabherr, B. J. Haas, M. Yassour, J. Z. Levin, D. A. Thompson, I. Amit, X. Adiconis, L. Fan, R. Raychowdhury, Q. Zeng, et al. : Full-length transcriptome assembly from RNA-Seq data without a reference genome, Nat. Biotechnol., **29**, 7, pp.644–652 (2011)

16) B. J. Haas, A. Papanicolaou, M. Yassour, M. Grabherr, P. D. Blood, J. Bowden, M. B. Couger, D. Eccles, B. Li, M. Lieber, et al. : De novo transcript sequence reconstruction from RNA-seq using the trinity platform for reference generation and analysis, Nat. Protocols, **8**, 8, pp.1494–1512 (2013)

17) M. H. Schulz, D. R. Zerbino, M. Vingron, and E. Birney : Oases: robust de novo RNA-seq assembly across the dynamic range of expression levels, Bioinformatics, **28**, 8, pp.1086–1092 (2012)

18) Q.-Y. Zhao, Y. Wang, Y.-M. Kong, D. Luo, X. Li, and P. Hao : Optimizing de novo transcriptome assembly from short-read RNA-Seq data: a comparative study, BMC Bioinformatics, **12**, pp.1–12, BioMed Central (2011)

19) V. Raghavan, L. Kraft, F. Mesny, and L. Rigerte : A simple guide to de novo transcriptome assembly and annotation, Briefings in Bioinformatics, **23**, 2, bbab563 (2022)

20) L. Fu, B. Niu, Z. Zhu, S. Wu, and W. Li : Cd-hit: accelerated for clustering the next-generation sequencing data, Bioinformatics, **28**, 23, pp.3150–3152 (2012)

21) S. K. Mbandi, U. Hesse, P. V. Heusden, and A. Christoffels：Inferring bona fide transfrags in RNA-Seq derived-transcriptome assemblies of non-model organisms, BMC bioinformatics, **16**, pp.1–9 (2015)

22) F. A. Simão, R. M. Waterhouse, P. Ioannidis, E. V. Kriventseva, and E. M. Zdobnov：Busco: assessing genome assembly and annotation completeness with single-copy orthologs, Bioinformatics, **31**, 19, pp.3210–3212 (2015)

23) N. M. Shah, H. J. Jang, Y. Liang, J. H. Maeng, S.-C. Tzeng, A. Wu, N. L. Basri, X. Qu, C. Fan, A. Li, et al.：Pan-cancer analysis identifies tumor-specific antigens derived from transposable elements, Nat. Genet., **55**, 4, pp.631–639 (2023)

24) C. Trapnell, B. A. Williams, G. Pertea, A. Mortazavi, G. Kwan, M. J. van Baren, S. L. Salzberg, B. J. Wold, and L. Pachter：Transcript assembly and quantification by RNA-Seq reveals unannotated transcripts and isoform switching during cell differentiation, Nat. Biotechnol., **28**, 5, pp.511–515 (2010)

25) S. F. Altschul, W. Gish, W. Miller, E. W. Myers, and D. J. Lipman：Basic local alignment search tool, Journal of Molecular Biology, **215**, 3, pp.403–410 (1990)

26) S. Götz, J. M. García-Gómez, J. Terol, T. D. Williams, S. H. Nagaraj, M. J. Nueda, M. Robles, M. Talón, J. Dopazo, and A. Conesa：High-throughput functional annotation and data mining with the Blast2GO suite, Nucleic Acids Res., **36**, 10, pp.3420–3435 (2008)

27) 孫建強, 清水謙多郎, 門田幸二：次世代シーケンサーデータの解析手法第 5 回 アセンブル，マッピング，そして QC, 日本乳酸菌学会誌, **26**, 3, pp.193–201 (2015)

28) M. Burrows and D. Wheeler：A block-sorting lossless data compression algorithm, In Digital SRC Research Report, Citeseer (1994)

29) 岡野原大輔：高速文字列解析の世界: データ圧縮・全文検索・テキストマイニング, 岩波書店 (2012)

30) P. Ferragina and G. Manzini：Opportunistic data structures with applications, In Proceedings 41st Annual Symposium on Foundations of Computer Science, pp.390–398, IEEE (2000)

31) B. Langmead, C. Trapnell, M. Pop, and S. L. Salzberg：Ultrafast and memory-efficient alignment of short DNA sequences to the human genome, Genome Biol., **10**, 3, pp.1–10 (2009)

32) B. Langmead and S. L. Salzberg：Fast gapped-read alignment with Bowtie 2, Nat. Methods, **9**, 4, pp.357–359 (2012)

33) T. F. Smith, M. S. Waterman, et al. : Identification of common molecular subsequences, Journal of Molecular Biology, **147**, 1, pp.195–197 (1981)

34) O. Gotoh : An improved algorithm for matching biological sequences, Journal of Molecular Biology, **162**, 3, pp.705–708 (1982)

35) C. Trapnell, L. Pachter, and S. L. Salzberg : Tophat: discovering splice junctions with RNA-Seq, Bioinformatics, **25**, 9, pp.1105–1111 (2009)

36) D. Kim, G. Pertea, C. Trapnell, H. Pimentel, R. Kelley, and S. L. Salzberg : Tophat2: accurate alignment of transcriptomes in the presence of insertions, deletions and gene fusions, Genome Biol., **14**, 4, pp.1–13 (2013)

37) D. Kim, J. M. Paggi, C. Park, C. Bennett, and S. L. Salzberg : Graph-based genome alignment and genotyping with HISAT2 and HISAT-genotype, Nat. Biotechnol., **37**, 8, pp.907–915 (2019)

38) M. Soda, Y. L. Choi, M. Enomoto, S. Takada, Y. Yamashita, S. Ishikawa, S. Fujiwara, H. Watanabe, K. Kurashina, H. Hatanaka, et al. : Identification of the transforming EML4–ALK fusion gene in non-small-cell lung cancer, Nature, **448**, 7153, pp.561–566 (2007)

39) T. Kohno, H. Ichikawa, Y. Totoki, K. Yasuda, M. Hiramoto, T. Nammo, H. Sakamoto, K. Tsuta, K. Furuta, Y. Shimada, et al. : KIF5B-RET fusions in lung adenocarcinoma, Nat. Medicine, **18**, 3, pp.375–377 (2012)

40) D. Kim and S. L. Salzberg : Tophat-fusion: an algorithm for discovery of novel fusion transcripts, Genome Biol., **12**, 8, pp.1–15 (2011)

41) L. S. Kristensen, M. S. Andersen, L. V. W. Stagsted, K. K. Ebbesen, T. B. Hansen, and J. Kjems : The biogenesis, biology and characterization of circular RNAs, Nat. Rev. Genet., **20**, 11, pp.675–691 (2019)

42) T. B. Hansen, T. I. Jensen, B. H. Clausen, J. B. Bramsen, B. Finsen, C. K. Damgaard, and J. Kjems : Natural RNA circles function as efficient microRNA sponges, Nature, **495**, 7441, pp.384–388 (2013)

43) C.-X. Liu, X. Li, F. Nan, S. Jiang, X. Gao, S.-K. Guo, W. Xue, Y. Cui, K. Dong, H. Ding, et al. : Structure and degradation of circular RNAs regulate PKR activation in innate immunity, Cell, **177**, 4, pp.865–880 (2019)

44) X.-O. Zhang, H.-B. Wang, Y. Zhang, X. Lu, L.-L. Chen, and L. Yang : Complementary sequence-mediated exon circularization, Cell, **159**, 1, pp.134–147 (2014)

45) C. Trapnell, D. G. Hendrickson, M. Sauvageau, L. Goff, J. L. Rinn, and L. Pachter : Differential analysis of gene regulation at transcript resolution with RNA-seq, Nat. Biotechnol., **31**, 1, pp.46–53 (2013)

46) G. Deschamps-Francoeur, J. Simoneau, and M. S. Scott : Handling multi-

mapped reads in RNA-seq, Computational and Structural Biotechnology Journal, **18**, pp.1569–1576 (2020)

47) B. Li and C. N. Dewey : Rsem: accurate transcript quantification from RNA-Seq data with or without a reference genome, BMC Bioinformatics, **12**, 1, p.323 (2011)

48) C. M. Bishop : Pattern Recognition and Machine Learning, Springer (2006)

49) H. Matsumoto and H. Kiryu : MixSIH: a mixture model for single individual haplotyping, BMC Genomics, **14**, Suppl. 2:S5 (2013)

50) G. P. Wagner, K. Kin, and V. J. Lynch : Measurement of mRNA abundance using RNA-seq data: RPKM measure is inconsistent among samples, Theory Biosci., **131**, 4, pp.281–285 (2012)

51) R. Patro, S. M. Mount, and C. Kingsford : Sailfish enables alignment-free isoform quantification from RNA-seq reads using lightweight algorithms, Nat. Biotechnol., **32**, 5, pp.462–464 (2014)

52) A. Srivastava, L. Malik, T. Smith, I. Sudbery, and R. Patro : Alevin efficiently estimates accurate gene abundances from dscRNA-seq data, Genome Biol., **20**, 1, p.65 (2019)

53) D. J. McCarthy, Y. Chen, and G. K. Smyth : Differential expression analysis of multifactor RNA-Seq experiments with respect to biological variation, Nucleic Acids Res., **40**, 10, pp.4288–4297 (2012)

54) M. D. Robinson, D. J. McCarthy, and G. K. Smyth : edgeR: a Bioconductor package for differential expression analysis of digital gene expression data, Bioinformatics, **26**, 1, pp.139–140 (2010)

55) S. Anders and W. Huber : Differential expression analysis for sequence count data, Genome Biol., **11**, 10, p.R106 (2010)

56) A. Sveen, S. Kilpinen, A. Ruusulehto, R. A. Lothe, and R. I. Skotheim : Aberrant RNA splicing in cancer; expression changes and driver mutations of splicing factor genes, Oncogene, **35**, 19, pp.2413–2427 (2016)

57) Y. I. Li, D. A. Knowles, J. Humphrey, A. N. Barbeira, S. P. Dickinson, H. K. Im, and J. K. Pritchard : Annotation-free quantification of RNA splicing using LeafCutter, Nat. Genet., **50**, 1, pp.151–158 (2018)

58) A. J. Gruber and M. Zavolan : Alternative cleavage and polyadenylation in health and disease, Nat. Rev. Genet., **20**, 10, pp.599–614 (2019)

59) A. Arefeen, J. Liu, X. Xiao, and T. Jiang : TAPAS: tool for alternative polyadenylation site analysis, Bioinformatics, **34**, 15, pp.2521–2529 (2018)

60) A. C. Frazee, S. Sabunciyan, K. D. Hansen, R. A. Irizarry, and J. T. Leek : Differential expression analysis of RNA-seq data at single-base reso-

lution, Biostatistics, **15**, 3, pp.413–426 (2014)

61) L. Collado-Torres, A. Nellore, A. C. Frazee, C. Wilks, M. I. Love, B. Langmead, R. A. Irizarry, J. T. Leek, and A. E. Jaffe：Flexible expressed region analysis for RNA-seq with derfinder, Nucleic Acids Res., **45**, 2, p.e9 (2017)

62) K. Asai, K. Itou, Y. Ueno, and T. Yada：Recognition of human genes by stochastic parsing, Pac. Symp. Biocomput., pp.228–239 (1998)

63) J. Ernst and M. Kellis：ChromHMM: automating chromatin-state discovery and characterization, Nat. Methods, **9**, 3, pp.215–216 (2012)

64) 阿久津達也：バイオインフォマティクスのための人工知能入門: 基礎から行列・テンソル分解/深層学習まで, 朝倉書店 (2024)

65) M. D. Robinson and A. Oshlack：A scaling normalization method for differential expression analysis of RNA-seq data, Genome Biol., **11**, pp.1–9 (2010)

66) J. Sun, T. Nishiyama, K. Shimizu, and K. Kadota：Tcc: an R package for comparing tag count data with robust normalization strategies, BMC Bioinformatics, **14**, 1, p.219 (2013)

67) B. M. Bolstad, R. A. Irizarry, M. Astrand, and T. P. Speed：A comparison of normalization methods for high density oligonucleotide array data based on variance and bias, Bioinformatics, **19**, 2, pp.185–193 (2003)

68) W. E. Johnson, C. Li, and A. Rabinovic：Adjusting batch effects in microarray expression data using empirical Bayes methods, Biostatistics, **8**, 1, pp.118–127 (2007)

69) Y. Zhang, G. Parmigiani, and W. E. Johnson：ComBat-seq: batch effect adjustment for RNA-seq count data, NAR Genom. Bioinform., **2**, 3, lqaa078 (2020)

70) V. K. Mootha, C. M. Lindgren, K. F. Eriksson, A. Subramanian, S. Sihag, J. Lehar, P. Puigserver, E. Carlsson, M. Ridderstrale, E. Laurila, N. Houstis, M. J. Daly, N. Patterson, J. P. Mesirov, T. R. Golub, P. Tamayo, B. Spiegelman, E. S. Lander, J. N. Hirschhorn, D. Altshuler, and L. C. Groop：PGC-1alpha-responsive genes involved in oxidative phosphorylation are coordinately downregulated in human diabetes, Nat. Genet., **34**, 3, pp.267–273 (2003)

71) A. Subramanian, P. Tamayo, V. K. Mootha, S. Mukherjee, B. L. Ebert, M. A. Gillette, A. Paulovich, S. L. Pomeroy, T. R. Golub, E. S. Lander, and J. P. Mesirov：Gene set enrichment analysis: a knowledge-based approach for interpreting genome-wide expression profiles, Proc. Natl. Acad.

Sci. U.S.A., **102**, 43, pp.15545–15550 (2005)

72) H. Suzuki, A. R. R. Forrest, E. V. Nimwegen, C. O. Daub, P. J. Balwierz, K. M. Irvine, T. Lassmann, T. Ravasi, Y. Hasegawa, M. J. L. De Hoon, et al. : The transcriptional network that controls growth arrest and differentiation in a human myeloid leukemia cell line, Nat. Genet., **41**, 5, p.553 (2009)

73) S. Aibar, C. B. Gonzalez-Blas, T. Moerman, V. A. Huynh-Thu, H. Imrichova, G. Hulselmans, F. Rambow, J. C. Marine, P. Geurts, J. Aerts, J. van den Oord, Z. K. Atak, J. Wouters, and S. Aerts : SCENIC: single-cell regulatory network inference and clustering, Nat. Methods, **14**, 11, pp.1083–1086 (2017)

74) V. A. Huynh-Thu, A. Irrthum, L. Wehenkel, and P. Geurts : Inferring regulatory networks from expression data using tree-based methods, PLoS ONE, **5**, 9 (2010)

75) A. Prat and C. M. Perou : Deconstructing the molecular portraits of breast cancer, Molecular Oncology, **5**, 1, pp.5–23 (2011)

76) K. B. Petersen, M. S. Pedersen, et al. : The matrix cookbook, Technical University of Denmark, **7**, 15, p.510 (2008)

77) K. P. Murphy : Machine Learning: A Probabilistic Perspective, The MIT Press (2012)

78) M. S. Bartlett : The use of transformations, Biometrics, **3**, 1, pp.39–52 (1947)

79) C. Ahlmann-Eltze and W. Huber : Comparison of transformations for single-cell RNA-seq data, Nat. Methods, **20**, 5, pp.665–672 (2023)

80) F. W. Townes, S. C. Hicks, M. J. Aryee, and R. A. Irizarry : Feature selection and dimension reduction for single-cell RNA-Seq based on a multinomial model, Genome Biol., **20**, 1, p.295 (2019)

81) R. R. Coifman and S. Lafon : Diffusion maps, Applied and Computational Harmonic Analysis, **21**, 1, pp.5–30 (2006)

82) B. Nadler, S. Lafon, I. Kevrekidis, and R. Coifman : Diffusion maps, spectral clustering and eigenfunctions of Fokker-Planck operators, Advances in Neural Information Processing Systems, **18** (2005)

83) 高崎金久 : 線形代数とネットワーク, 日本評論社 (2017)

84) 田中雄一 : グラフ信号処理: 複雑・大規模なデータの周波数解析 (ウェーブレット解析と信号処理), 数理解析研究所講究録, 2001:1–19 (2016)

85) D. van Dijk, R. Sharma, J. Nainys, K. Yim, P. Kathail, A. J. Carr, C. Burdziak, K. R. Moon, C. L. Chaffer, D. Pattabiraman, B. Bierie,

L. Mazutis, G. Wolf, S. Krishnaswamy, and D. Pe'er：Recovering Gene Interactions from Single-Cell Data Using Data Diffusion, Cell, **174**, 3, pp.716–729 (2018)

86) M. Shinn：Phantom oscillations in principal component analysis, Proc. Natl. Acad. Sci. U.S.A., 120, 48, e2311420120 (2023)

87) L. van der Maaten and G. Hinton：Visualizing data using t-SNE, Journal of Machine Learning Research, **9**, pp.2579–2605 (2008)

88) L. McInnes, J. Healy, and J. Melville：Umap: Uniform manifold approximation and projection for dimension reduction, arXiv preprint arXiv:1802.03426 (2018)

89) E. Becht, L. McInnes, J. Healy, C.-A. Dutertre, I. W. H. Kwok, L. G. Ng, F. Ginhoux, and E. W. Newell：Dimensionality reduction for visualizing single-cell data using UMAP, Nat. Biotechnol., **37**, 1, p.38 (2019)

90) G. E. Hinton and S. T. Roweis：Stochastic neighbor embedding, In Advances in Neural Information Processing Systems, pp.857–864 (2003)

91) 宮岡礼子：曲線と曲面の現代幾何学——入門から発展へ, 岩波書店 (2019)

92) M. Nickel and D. Kiela：Poincaré embeddings for learning hierarchical representations, In Advances in Neural Information Processing Systems, pp.6338–6347 (2017)

93) A. Klimovskaia, D. Lopez-Paz, L. Bottou, and M. Nickel：Poincaré maps for analyzing complex hierarchies in single-cell data, bioRxiv, p.689547 (2019)

94) X. Qiu, Q. Mao, Y. Tang, L. Wang, R. Chawla, H. A. Pliner, and C. Trapnell：Reversed graph embedding resolves complex single-cell trajectories, Nat. Methods, **14**, 10, pp.979–982 (2017)

95) Y. Taguchi：Principal component analysis-based unsupervised feature extraction applied to single-cell gene expression analysis, In International Conference on Intelligent Computing, pp.816–826, Springer (2018)

96) D. Kobak and G. C. Linderman：Initialization is critical for preserving global data structure in both *t*-SNE and UMAP, Nat. Biotechnol., pp.1–2 (2021)

97) 露崎弘毅：行列・テンソル分解によるヘテロバイオデータ統合解析の数理——第1回行列分解——, JSBi Bioinformatics Review, **1**, 2, pp.18–25 (2021)

98) 露崎弘毅：行列・テンソル分解によるヘテロバイオデータ統合解析の数理——第2回行列同時分解——, JSBi Bioinformatics Review, **2**, 1, pp.15–29 (2021)

99) 千代丸勝美, 竹本和広：ネットワーク伝播による生物ネットワーク解析, JSBi Bioinformatics Review, **1**, 2, pp.26–36 (2021)

100) B. Jiang, C. Ding, and J. Tang : Graph-Laplacian PCA: Closed-form solution and robustness, In Proceedings of the IEEE Conference on Computer Vision and Pattern Recognition, pp.3492–3498 (2013)

101) M. Matsui and W. Iwasaki : Graph Splitting: A Graph-Based Approach for Superfamily-Scale Phylogenetic Tree Reconstruction, Syst. Biol., **69**, 2, pp.265–279 (2020)

102) M. Ester, H.-P. Kriegel, J. Sander, X. Xu, et al. : A density-based algorithm for discovering clusters in large spatial databases with noise, In Kdd, **96**, pp.226–231 (1996)

103) V. D. Blondel, J.-L. Guillaume, R. Lambiotte, and E. Lefebvre : Fast unfolding of communities in large networks, Journal of Statistical Mechanics: Theory and Experiment, **2008**, 10, p.P10008 (2008)

104) V. A. Traag, L. Waltman, and N. J. van Eck : From Louvain to Leiden: guaranteeing well-connected communities, Scientific Reports, **9**, 1, pp.1–12 (2019)

105) A. Regev, S. Teichmann, O. Rozenblatt-Rosen, M. Stubbington, K. Ardlie, I. Amit, P. Arlotta, G. Bader, C. Benoist, M. Biton, et al. : The human cell atlas white paper, arXiv preprint arXiv:1810.05192 (2018)

106) E. Mereu, A. Lafzi, C. Moutinho, C. Ziegenhain, D. J. McCarthy, A. Álvarez-Varela, E. Batlle, D. Grün, J. K. Lau, S. C. Boutet, et al. : Benchmarking single-cell RNA-sequencing protocols for cell atlas projects, Nat. Biotechnol., pp.1–9 (2020)

107) T. Hayashi, H. Ozaki, Y. Sasagawa, M. Umeda, H. Danno, and I. Nikaido : Single-cell full-length total RNA sequencing uncovers dynamics of recursive splicing and enhancer RNAs, Nat. Commun., **9**, 1, p.619 (2018)

108) J. Fan, N. Salathia, R. Liu, G. E. Kaeser, Y. C. Yung, J. L. Herman, F. Kaper, J. B. Fan, K. Zhang, J. Chun, and P. V. Kharchenko : Characterizing transcriptional heterogeneity through pathway and gene set overdispersion analysis, Nat. Methods, **13**, 3, pp.241–244 (2016)

109) D. DeTomaso, M. G. Jones, M. Subramaniam, T. Ashuach, C. J. Ye, and N. Yosef : Functional interpretation of single cell similarity maps, Nat. Commun., **10**, 1, p.4376 (2019)

110) K. Tsuyuzaki : scTGIF: Cell type annotation for unannotated single-cell RNA-Seq data, R package version 1.2.2 (2020)

111) T. Stuart, A. Butler, P. Hoffman, C. Hafemeister, E. Papalexi, W. M. Mauck III, Y. Hao, M. Stoeckius, P. Smibert, and R.

Satija : Comprehensive integration of single-cell data, Cell, **177**, 7, pp.1888–1902 (2019)

112) T. S. P. Heng, M. W. Painter, K. Elpek, V. Lukacs-Kornek, N. Mauermann, S. J. Turley, D. Koller, F. S. Kim, A. J. Wagers, N. Asinovski, et al. : The immunological genome project: networks of gene expression in immune cells, Nat. Immunology, **9**, 10, pp.1091–1094 (2008)

113) D. Aran, A. P. Looney, L. Liu, E. Wu, V. Fong, A. Hsu, S. Chak, R. P. Naikawadi, P. J. Wolters, A. R. Abate, et al. : Reference-based analysis of lung single-cell sequencing reveals a transitional profibrotic macrophage, Nat. Immunology, **20**, 2, pp.163–172 (2019)

114) K. Sato, K. Tsuyuzaki, K. Shimizu, and I. Nikaido : Cellfishing. jl: an ultrafast and scalable cell search method for single-cell RNA sequencing, Genome Biol., **20**, 1, p.31 (2019)

115) D. Grün, A. Lyubimova, L. Kester, K. Wiebrands, O. Basak, N. Sasaki, H. Clevers, and A. V. Oudenaarden : Single-cell messenger RNA sequencing reveals rare intestinal cell types, Nature, **525**, 7568, pp.251–255 (2015)

116) R. Wegmann, M. Neri, S. Schuierer, B. Bilican, H. Hartkopf, F. Nigsch, F. Mapa, A. Waldt, R. Cuttat, M. R. Salick, et al. : Cellsius provides sensitive and specific detection of rare cell populations from complex single-cell RNA-seq data, Genome Biol., **20**, 1, p.142 (2019)

117) D. Grün, M. J. Muraro, J.-C. Boisset, K. Wiebrands, A. Lyubimova, G. Dharmadhikari, M. van den Born, J. V. Es, E. Jansen, H. Clevers, et al. : De novo prediction of stem cell identity using single-cell transcriptome data, Cell Stem Cell, **19**, 2, pp.266–277 (2016)

118) C. H. Waddington : The strategy of the genes, Routledge (2014)

119) C. Furusawa and K. Kaneko : A dynamical-systems view of stem cell biology, Science, **338**, 6104, pp.215–217 (2012)

120) R. Sekine, M. Yamamura, S. Ayukawa, K. Ishimatsu, S. Akama, M. Takinoue, M. Hagiya, and D. Kiga : Tunable synthetic phenotypic diversification on Waddington's landscape through autonomous signaling, Proc. Natl. Acad. Sci. U.S.A., **108**, 44, pp.17969–17973 (2011)

121) C. Trapnell, D. Cacchiarelli, J. Grimsby, P. Pokharel, S. Li, M. Morse, N. J. Lennon, K. J. Livak, T. S. Mikkelsen, and J. L. Rinn : The dynamics and regulators of cell fate decisions are revealed by pseudotemporal ordering of single cells, Nat. Biotechnol., **32**, 4, p.381 (2014)

122) X. Qiu, Q. Mao, Y. Tang, L. Wang, R. Chawla, H. A. Pliner, and C. Trapnell : Reversed graph embedding resolves complex single-cell trajecto-

ries, Nat. Methods, **14**, 10, p.979 (2017)

123) H. Matsumoto and H. Kiryu：Scoup: a probabilistic model based on the Ornstein–Uhlenbeck process to analyze single-cell expression data during differentiation, BMC Bioinformatics, **17**, 1, p.232 (2016)

124) C. E. Cressler, M. A. Butler, and A. A. King：Detecting adaptive evolution in phylogenetic comparative analysis using the Ornstein–Uhlenbeck model, Syst. Biol., **64**, 6, pp.953–968 (2015)

125) G. La Manno, R. Soldatov, A. Zeisel, E. Braun, H. Hochgerner, V. Petukhov, K. Lidschreiber, M. E. Kastriti, P. Lönnerberg, A. Furlan, et al.：RNA velocity of single cells, Nature, **560**, 7719, pp.494–498 (2018)

126) V. Bergen, M. Lange, S. Peidli, F. A. Wolf, and F. J. Theis：Generalizing RNA velocity to transient cell states through dynamical modeling, Nat. Biotechnol., pp.1–7 (2020)

127) X. Qiu, Y. Zhang, D. Yang, S. Hosseinzadeh, L. Wang, R. Yuan, S. Xu, Y. Ma, J. Replogle, S. Darmanis, et al.：Mapping vector field of single cells, bioRxiv, p.696724 (2019)

128) G. Gorin, V. Svensson, and L. Pachter：Protein velocity and acceleration from single-cell multiomics experiments, Genome Biol., **21**, 1, pp.1–6 (2020)

129) J. A. Ramilowski, T. Goldberg, J. Harshbarger, E. Kloppmann, M. Lizio, V. P. Satagopam, M. Itoh, H. Kawaji, P. Carninci, B. Rost, et al.：A draft network of ligand–receptor-mediated multicellular signalling in human, Nat. Commun., **6**, 1, pp.1–12 (2015)

130) R. Vento-Tormo, M. Efremova, R. A. Botting, M. Y. Turco, M. Vento-Tormo, K. B. Meyer, J.-E. Park, E. Stephenson, K. Polański, A. Goncalves, et al.：Single-cell reconstruction of the early maternal–fetal interface in humans, Nature, **563**, 7731, pp.347–353 (2018)

131) M. Efremova, M. Vento-Tormo, S. A. Teichmann, and R. Vento-Tormo：Cellphonedb: inferring cell–cell communication from combined expression of multi-subunit ligand–receptor complexes, Nat. Protocols, **15**, 4, pp.1484–1506 (2020)

132) K. Tsuyuzaki, M. Ishii, and I. Nikaido：Uncovering hypergraphs of cell-cell interaction from single cell RNA-sequencing data, bioRxiv, p.566182 (2019)

133) B. Vieth, S. Parekh, C. Ziegenhain, W. Enard, and I. Hellmann：A systematic evaluation of single cell RNA-seq analysis pipelines, Nat. Commun., **10**, 1, pp.1–11 (2019)

134) K. Kadota and K. Shimizu：Commentary: A systematic evaluation of single cell RNA-seq analysis pipelines, Frontiers in Genetics, **11**, p.941 (2020)

135) A. Vandenbon and D. Diez : A clustering-independent method for finding differentially expressed genes in single-cell transcriptome data, Nat. Commun., **11**, 1, pp.1–10 (2020)

136) H. Matsumoto, T. Hayashi, H. Ozaki, K. Tsuyuzaki, M. Umeda, T. Iida, M. Nakamura, H. Okano, and I. Nikaido : An NMF-based approach to discover overlooked differentially expressed gene regions from single-cell RNA-seq data, NAR Genomics and Bioinformatics, **2**, 1, lqz020 (2020)

137) H. Ozaki, T. Hayashi, M. Umeda, and I. Nikaido : Millefy: visualizing cell-to-cell heterogeneity in read coverage of single-cell RNA sequencing datasets, BMC Genomics, **21**, 1, pp.1–10 (2020)

138) Y. Imoto, T. Nakamura, E. G. Escolar, M. Yoshiwaki, Y. Kojima, Y. Yabuta, Y. Katou, T. Yamamoto, Y. Hiraoka, and M. Saitou : Resolution of the curse of dimensionality in single-cell RNA sequencing data analysis, Life Science Alliance, **5**, 12 (2022)

139) Y. Sasagawa, H. Danno, H. Takada, M. Ebisawa, K. Tanaka, T. Hayashi, A. Kurisaki, and I. Nikaido : Quartz-seq2: a high-throughput single-cell RNA-sequencing method that effectively uses limited sequence reads, Genome Biol., **19**, pp.1–24 (2018)

140) K. J. Kobayashi-Kirschvink, C. S. Comiter, S. Gaddam, T. Joren, E. I. Grody, J. R. Ounadjela, K. Zhang, B. Ge, J. W. Kang, R. J. Xavier, et al. : Prediction of single-cell RNA expression profiles in live cells by raman microscopy with Raman2RNA, Nat. Biotechnol., pp.1–9 (2024)

141) C. Zhu, S. Preissl, and B. Ren : Single-cell multimodal omics: the power of many, Nat. Methods, **17**, 1, pp.11–14 (2020)

142) M. Stoeckius, C. Hafemeister, W. Stephenson, B. Houck-Loomis, P. K. Chattopadhyay, H. Swerdlow, R. Satija, and P. Smibert : Simultaneous epitope and transcriptome measurement in single cells, Nat. Methods, **14**, 9, pp.865–868 (2017)

143) F. Minoshima, H. Ozaki, H. Odaka, and H. Tateno : Integrated analysis of glycan and RNA in single cells, iScience, **24**, 8 (2021)

144) A. Shiomi, T. Kaneko, K. Nishikawa, A. Tsuchida, T. Isoshima, M. Sato, K. Toyooka, K. Doi, H. Nishikii, and H. Shintaku : High-throughput mechanical phenotyping and transcriptomics of single cells, Nat. Commun., **15**, 1, p.3812 (2024)

145) A. Dixit, O. Parnas, B. Li, J. Chen, C. P. Fulco, L. Jerby-Arnon, N. D. Marjanovic, D. Dionne, T. Burks, R. Raychowdhury, et al. : Perturb-seq: dissecting molecular circuits with scalable single-cell RNA profiling

of pooled genetic screens, Cell, **167**, 7, pp.1853–1866 (2016)

146) J. Livet, T. A. Weissman, H. Kang, R. W. Draft, J. Lu, R. A. Bennis, J. R. Sanes, and J. W. Lichtman : Transgenic strategies for combinatorial expression of fluorescent proteins in the nervous system, Nature, **450**, 7166, pp.56–62 (2007)

147) A. McKenna, G. M. Findlay, J. A. Gagnon, M. S. Horwitz, A. F. Schier, and J. Shendure : Whole-organism lineage tracing by combinatorial and cumulative genome editing, Science, **353**, 6298, aaf7907 (2016)

148) B. Raj, D. E. Wagner, A. McKenna, S. Pandey, A. M. Klein, J. Shendure, J. A. Gagnon, and A. F. Schier : Simultaneous single-cell profiling of lineages and cell types in the vertebrate brain, Nat. Biotechnol., **36**, 5, pp.442–450 (2018)

149) K. H. Chen, A. N. Boettiger, J. R. Moffitt, S. Wang, and X. Zhuang : Spatially resolved, highly multiplexed RNA profiling in single cells, Science, **348**, 6233, aaa6090 (2015)

150) C.-H. L. Eng, M. Lawson, Q. Zhu, R. Dries, N. Koulena, Y. Takei, J. Yun, C. Cronin, C. Karp, G.-C. Yuan, et al. : Transcriptome-scale super-resolved imaging in tissues by RNA seqfish+, Nature, **568**, 7751, pp.235–239 (2019)

151) J. H. Lee, E. R. Daugharthy, J. Scheiman, R. Kalhor, J. L. Yang, T. C. Ferrante, R. Terry, S. S. F. Jeanty, C. Li, R. Amamoto, et al. : Highly multiplexed subcellular RNA sequencing in situ, Science, **343**, 6177, pp.1360–1363 (2014)

152) S. G. Rodriques, R. R. Stickels, A. Goeva, C. A. Martin, E. Murray, C. R. Vanderburg, J. Welch, L. M. Chen, F. Chen, and E. Z. Macosko : Slide-seq: A scalable technology for measuring genome-wide expression at high spatial resolution, Science, **363**, 6434, pp.1463–1467 (2019)

索　　引

【あ】

アイソフォーム　　12, 64
アノテーション　　18
アライメント　　51
アライメントフリー　　71
アンチコドン　　13
アンチセンス鎖　　10

【い】

遺伝子　　8
遺伝子オントロジー　　99
遺伝子発現　　10
インサート長　　22
イントロン　　12

【え】

エキソン　　11
エピトランスクリプ
　トーム　　199
塩基対　　2
塩基配列　　2

【お】

オペロン　　14

【か】

開始コドン　　13
拡散マップ　　121
隠れマルコフモデル　　91
過分散　　80
カルバック・ライブラー
　情報量　　130
環状 RNA　　58

【き】

擬時間　　174
希少細胞　　171
基本転写因子　　11
逆転写　　19
ギャップ統計量　　146

【く】

空間トランスクリプ
　トーム　　196
クエリ配列　　43
クラスタリング　　143
グラフカット　　151

【け】

ゲノムアノテーション　　18
ゲノム編集　　194

【こ】

コーディング配列　　14
コドン　　12
コミュニティ検出　　143
コルモゴロフ-スミルノフ
　検定　　103
混合ガウスモデル　　147
コンティグ　　27

【さ】

細胞間相互作用　　183
細胞種　　164
細胞種特異的マーカー
　遺伝子　　164
サブタイプ　　110

【し】

シークエンスされた
　リード　　3
次元圧縮　　109
次世代シークエンサー　　6
主成分分析　　111
シングルエンド　　21

【す】

スキャフォールド　　27
スプライシング　　12
スプライシングアイソ
　フォーム　　12
スプライシングパターン　　87
スプリットリード　　53
スペクトラルクラスタ
　リング　　150

【せ】

成熟 mRNA　　11
正準相関分析　　167
接尾辞配列　　45
センス鎖　　10
選択的スプライシング　12, 32
選択的ポリアデニル化
　部位　　89
セントラルドグマ　　9

【そ】

層別化医療　　110
相補性　　2
相補的 DNA　　19

【た】

ダイレクト RNA シーク
エンシング　　　24

【て】

デオキシリボ核酸　　　1
デオキシリボヌクレオチド　1
転移因子　　　39
転移 RNA　　　12
転　写　　　9
転写因子　　　11, 106

【と】

動的計画法　　　51
トータル RNA-seq　　　19
ド・ブラウングラフ　　　30
トランスクリプト　　　17
トランスクリプトーム　　　17
トランスクリプトーム
アセンブリ　　　26

【に】

日本バイオインフォマ
ティクス学会　　　142

【の】

ノンコーディング RNA　　　16

【は】

バイオマーカー　　　110
ハウスキーピング遺伝子　94
発　現　　　10

発現変動遺伝子　　　79
発現量　　　10
バッチ効果　　　93
ハミルトン路　　　28
ハミング距離　　　50
バルク RNA-seq　　　162
半保存的複製　　　3

【ひ】

非翻訳領域　　　14

【ふ】

フィッシャーの正確確率
検定　　　102
負の二項分布　　　80
プライマー　　　3
プライミング　　　3
プロモーター　　　106
分子バーコード　　　23, 75

【へ】

ペアエンド　　　21
変化点検出　　　89
編集距離　　　51

【ほ】

ホスホジエステル結合　　　2
ポリアデニル化　　　12
ポリメラーゼ連鎖反応　　　4
ポリ A 鎖　　　12
ポリ A RNA-seq　　　20
翻　訳　　　9

【ま】

マッピング　　　43

【め】

メッセンジャー RNA　　　9

【ゆ】

融合遺伝子　　　57
尤度比検定　　　81

【ら】

ラプラシアン行列　　　117
ラプラシアン固有マップ　116
ランダムウォーク正規化
ラプラシアン行列　　　121

【り】

リード　　　3
リードマッピング　　　43
リファレンス配列　　　43
リファレンスベースド
アセンブリ　　　26, 39
リボソーマル RNA　　　15
リボソーム　　　13
リボヌクレオチド　　　8

【れ】

レギュロン解析　　　105
レーベンシュタイン距離　51

【わ】

ワディントン地形　　　174

【B】

Burrows-Wheeler 変換　45

【C】

cDNA　　　19
Cell Hashing　　　194

【D】

DBSCAN　　　156
de novo トランスクリプ
トームアセンブリ　　　26
DNA シークエンサー　　　3
DNA ポリメラーゼ　　　3

【F】

FM-index　　　48
FPKM　　　67
full-length RNA-seq　　　20

【G】

GO term　99
GSEA　103

【H】

HCA　163

【I】

in situ キャプチャー　198
in situ シークエンシング　198
in situ ハイブリダイゼーション　196

【K】

KEGG PATHWAY Database　101
k-means 法　144

【L】

LF mapping　47
Louvain 法　158

【M】

MA プロット　84
MARA　106

mRNA　9
mRNA 前駆体　11
MSigDB　101

【N】

ncRNA　16
NGS　6

【O】

OLC　28
ORA　101

【P】

PCR　4

【Q】

quantile 正規化　95

【R】

Reactome Pathway Database　101
RNA シークエンシング　18
RNA ポリメラーゼ　10
RNA-seq　18
RPKM　63
RPM　75

【S】

SCENIC　107
Smith-Waterman アルゴリズム　51
Smith-Waterman-Gotoh アルゴリズム　52
SNE　130

【T】

TF　11
TMM 正規化　94
TPM　70
tRNA　13
t-SNE　129

【U】

UMI　23
UMI カウント　76

【数字】

1 細胞 RNA-seq　107, 162
3' 端 RNA-seq　21
5' キャップ構造　12
5' 端 RNA-seq　21

─── 監修者・著者略歴 ───

浜田 道昭（はまだ　みちあき）
2000年　東北大学理学部数学科卒業
2002年　東北大学大学院理学研究科修士課程修了
　　　　（数学専攻）
2002年　株式会社富士総合研究所研究員
2009年　東京工業大学大学院総合理工学研究科
　　　　博士後期課程（社会人博士）修了（知
　　　　能システム科学専攻）
　　　　博士（理学）
2010年　東京大学特任准教授
2014年　早稲田大学准教授
2018年　早稲田大学教授
　　　　現在に至る

松本 拡高（まつもと　ひろたか）
2011年　東京大学理学部生物情報科学科卒業
2013年　東京大学大学院新領域創成科学研究科
　　　　修士課程修了（情報生命科学専攻）
2016年　東京大学大学院新領域創成科学研究科
　　　　博士課程修了（メディカル情報生命専
　　　　攻），博士（科学）
2016年　理化学研究所情報基盤センターバイオ
　　　　インフォマティクス研究開発ユニット，
　　　　日本学術振興会特別研究員（PD）
2019年　理化学研究所革新知能統合研究センター
　　　　医用画像解析チーム基礎科学特別研究員
2020年　長崎大学准教授
　　　　現在に至る

トランスクリプトーム解析
Transcriptome Analysis　　　　　　　　　Ⓒ Hirotaka Matsumoto 2025

2025 年 4 月 25 日　初版第 1 刷発行

検印省略	監 修 者	浜　田　道　昭
	著　者	松　本　拡　高
	発 行 者	株式会社　コロナ社
		代 表 者　牛来真也
	印 刷 所	三 美 印 刷 株 式 会 社
	製 本 所	株式会社　グリーン

112−0011　東京都文京区千石 4−46−10
発行所　株式会社 コロナ社
CORONA PUBLISHING CO., LTD.
Tokyo Japan
振替 00140−8−14844・電話 (03) 3941−3131(代)
ホームページ　https://www.coronasha.co.jp

ISBN 978−4−339−02736−5　C3355　Printed in Japan　　　　（齋藤）

生物工学ハンドブック

日本生物工学会 編
B5判／866頁／本体28,000円／上製・箱入り

■ **編集委員長** 塩谷　捨明
■ **編 集 委 員** 五十嵐泰夫・加藤　滋雄・小林　達彦・佐藤　和夫
（五十音順）　澤田　秀和・清水　和幸・関　　達治・田谷　正仁
土戸　哲明・長棟　輝行・原島　　俊・福井　希一

> 21世紀のバイオテクノロジーは，地球環境，食糧，エネルギーなど人類生存のための問題を解決し，持続発展可能な循環型社会を築き上げていくキーテクノロジーである。本ハンドブックでは，バイオテクノロジーに携わる学生から実務者までが，幅広い知識を得られるよう，豊富な図と最新のデータを用いてわかりやすく解説した。

主要目次

Ⅰ編：生物工学の基盤技術　生物資源・分類・保存／育種技術／プロテインエンジニアリング／機器分析法・計測技術／バイオ情報技術／発酵生産・代謝制御／培養工学／分離精製技術／殺菌・保存技術

Ⅱ編：生物工学技術の実際　醸造製品／食品／薬品・化学品／環境にかかわる生物工学／生産管理技術

本書の特長

◆ 学会創立時からの，醸造学・発酵学を基礎とした醸造製品生産工学大系はもちろん，微生物から動植物の対象生物，醸造飲料・食品から医薬品・生体医用材料などの対象製品，遺伝学から生物化学工学などの各方法論に関する幅広い展開と広大な対象分野を網羅した。

◆ 生物工学のいずれかの分野を専門とする学生から実務者までが，生物工学の別の分野（非専門分野）の知識を修得できる実用書となっている。

◆ 基本事項を明確に記述することにより，長年の使用に耐えられるようにし，各々の研究室等における必携の書とした。

◆ 第一線で活躍している約240名の著者が，それぞれの分野の研究・開発内容を豊富な図や重要かつ最新のデータにより正確な理解ができるよう解説した。

シリーズ 情報科学における確率モデル

（各巻A5判）

■編集委員長　土肥　正
■編集委員　栗田多喜夫・岡村寛之

配本順		書名	著者	頁	本体
1	（1回）	統計的パターン認識と判別分析	栗田多喜夫 日高章理 共著	236	3400円
2	（2回）	ボルツマンマシン	恐神貴行 著	220	3200円
3	（3回）	捜索理論における確率モデル	宝崎隆祐 飯田耕司 共著	296	4200円
4	（4回）	マルコフ決定過程 ―理論とアルゴリズム―	中出康一 著	202	2900円
5	（5回）	エントロピーの幾何学	田中勝 著	206	3000円
6	（6回）	確率システムにおける制御理論	向谷博明 著	270	3900円
7	（7回）	システム信頼性の数理	大鑄史男 著	270	4000円
8	（8回）	確率的ゲーム理論	菊田健作 著	254	3700円
9	（9回）	ベイズ学習とマルコフ決定過程	中井達 著	232	3400円
10	（10回）	最良選択問題の諸相 ―秘書問題とその周辺―	玉置光司 著	270	4100円
11	（11回）	協力ゲームの理論と応用	菊田健作 著	284	4400円
12	（12回）	コピュラ理論の基礎	江村剛志 著		近刊
		マルコフ連鎖と計算アルゴリズム	岡村寛之 著		
		確率モデルによる性能評価	笠原正治 著		
		ソフトウェア信頼性のための統計モデリング	土肥正 岡村寛之 共著		
		ファジィ確率モデル	片桐英樹 著		
		高次元データの科学	酒井智弥 著		
		空間点過程とセルラネットワークモデル	三好直人 著		
		部分空間法とその発展	福井和広 著		
		連続-kシステムの最適設計 ―アルゴリズムと理論―	山本久志 秋葉知昭 共著		

定価は本体価格+税です。
定価は変更されることがありますのでご了承下さい。

図書目録進呈◆

バイオインフォマティクスシリーズ

（各巻A5判）

■監 修　浜田　道昭

配本順					頁	本体
1.（3回）	バイオインフォマティクスのための生命科学入門	福岩 永切 津淳 嵩一	共著		206	3100円
2.（1回）	生物ネットワーク解析	竹 本 和 広著			222	3200円
3.（2回）	生　物　統　計	木 立 尚 孝著			268	3800円
4.（4回）	システムバイオロジー	宇 田 新 介著			198	3000円
5.（5回）	ゲノム配列情報解析	三 澤 計 治著			304	4700円
6.（6回）	トランスクリプトーム解析	松 本 拡 高著			230	3600円
	エピゲノム情報解析	中 戸 隆一郎著				
	ケモインフォマティクス	山西・金子 岩田・海東	共著			
	ＲＮＡ配列情報解析	佐 藤 健 吾著				
	タンパク質の立体構造情報解析	富井 健太郎 金城 玲	共著			
	プロテオーム情報解析	吉 沢 明 康著				
	生命情報科学におけるプライバシー保護	清 水 佳 奈著				
	ウイルス感染症研究のためのバイオインフォマティクス	伊 東 潤 平他著				
	集　団　遺　伝　学 ―遺伝子系図の確率モデル―	能登原 盛 弘著				
	ゲノム進化解析					

定価は本体価格＋税です。
定価は変更されることがありますのでご了承下さい。

図書目録進呈◆